学术研究专著

U0173382

# 基于振动时频图像分析的
# 内燃机故障诊断方法研究

胡 华 牟伟杰 编著

西北工业大学出版社

西安

【内容简介】 不同工作状态下的内燃机具有不同的振动特征,由此生成的时频图像包含内燃机不同工作状态下的特征信息。在同一工况下,不同工作循环的内燃机振动信号的振动时频图像具有相似性,而不同工况下的内燃机振动信号时频图像差别较大,可以通过对内燃机不同工作状态的时频图像进行识别,完成对内燃机的故障诊断。本书提出了基于振动时频图像处理的内燃机故障诊断理论体系。

本书可用作高等学校相关专业研究生的教材,也可供工程技术人员阅读、参考。

## 图书在版编目(CIP)数据

基于振动时频图像分析的内燃机故障诊断方法研究 / 胡华,牟伟杰编著. — 西安 : 西北工业大学出版社, 2023.8

ISBN 978 - 7 - 5612 - 8938 - 9

Ⅰ. ①基… Ⅱ. ①胡… ②牟… Ⅲ. ①内燃机-故障诊断 Ⅳ. ①TK407

中国国家版本馆 CIP 数据核字(2023)第 152797 号

JIYU ZHENDONG SHIPIN TUXIANG FENXI DE NEIRANJI GUZHANG ZHENDUAN FANGFA YANJIU

**基于振动时频图像分析的内燃机故障诊断方法研究**
胡 华 牟伟杰 编著

| | |
|---|---|
| 责任编辑:曹 江 | 策划编辑:杨 军 |
| 责任校对:王玉玲 | 装帧设计:李 飞 |

出版发行:西北工业大学出版社
通信地址:西安市友谊西路 127 号　　邮编:710072
电　　话:(029)88491757,88493844
网　　址:www. nwpup. com
印　刷　者:西安五星印刷有限公司
开　　本:787 mm×1 092 mm　　1/16
印　　张:8
字　　数:152 千字
版　　次:2023 年 8 月第 1 版　　2023 年 8 月第 1 次印刷
书　　号:ISBN 978 - 7 - 5612 - 8938 - 9
定　　价:49.00 元

# 前　　言

本书提出基于振动时频图像处理的内燃机故障诊断理论体系,并在以下四个方面取得创新性成果:

(1)提出基于互信息的互补集总经验模态分解-伪维格纳分布(Mutual Information Complementary Ensemble Empirical Mode Decomposition - Pseudo Wigner Ville Distribution, MICEEMD - PWVD)和改进变分模态分解-伪维格纳分布(K Variational Mode Decomposition - Pseudo Wigner Ville Distribution, KVMD - PWVD)时频图像生成方法,分别使用经验模态分解和变分模态分解方法将一个多分量信号分解成几个单分量信号,然后把每个单分量信号进行伪维格纳分析,并将时频分析后的结果相加组合成原信号的时频分布,有效地消除了维格纳分布(Wigner - Ville Distribution, WVD)的交叉干扰项,并且生成的时频图像具有较高的时频聚集性;在用经验模态分解(Empirical Mode Decomposition, EMD)方法对信号进行分解时,使用互补的集总经验模态分解方法,抑制传统 EMD 方法的模态混叠问题,提高计算速度,并将互信息理论引入模态分解过程中,去除模态分解中的伪分量问题;在用变分模态分解方法对信号进行模态分解时,针对模态分解方法需要人为选择分解层数的问题,提出一种中心频率筛选的变分模态分解(Variational Mode Decomposition, VMD)分解层数改进方法(KVMD),避免分解过程中人为选取层数的问题,增强变分模态分解方法的自适应性。

(2)在对生成的内燃机振动时频图像预处理的过程中,首先提出基于阈值的像素平均融合方法,解决现有图像融合方法对内燃机振动时频图像融合后不能有效抑制内燃机循环波动性对时频图像影响的问题,仿真原子时频图像和内燃机气门间隙故障实验结果表明,该方法可以有效抑制内燃机循环波动性的影响,提高故障诊断的正确率;

然后提出使用三次卷积插值法对振动时频图像进行降维,解决直接对时频图像进行特征提取计算过于庞大、计算效率较低的问题。实验结果表明,降维后的时频图像不但保留了原图像的特征,而且大大提高了计算效率。

(3)提出基于分块局部非负矩阵分解的内燃机故障诊断方法。针对用局部非负矩阵分解方法对时频图像进行特征提取时,如果增加某种故障工况的新训练样本或加入一类新的故障,局部非负矩阵分解需要重新分解计算,影响计算效率的问题,提出分块局部非负矩阵分解方法,将待分解矩阵 **V** 按内燃机工况种类进行分块,即同一工况的训练样本形成一个小的矩阵块,然后对每个小矩阵进行分解,并将分解后的小矩阵合成大矩阵。实验结果表明,该方法不但极大地提高了计算效率,而且保持了特征参数较强的可分性。

(4)针对单一视觉特征参数提取方法的诊断正确率较低的问题,为提高时频图像视觉特征识别诊断的正确率和鲁棒性,提出基于局部特征和全局特征融合的内燃机故障诊断方法,分别用局部特征的 Gabor 与全局特征的 GLCM 和 Hu 矩对时频图像进行特征提取,然后用 BP 神经网络与 D-S 证据理论相结合,对时频图像的局部和全局特征参数进行融合诊断。实验结果表明,该方法可以综合利用时频图像的局部和全局特征信息,对单特征参数的诊断结果进行融合,提高了内燃机故障诊断的准确性和可靠性。

本书第 1、2 章由胡华编写,第 3、4 章由牟伟杰编写,第 5 章由陈彦龙编写,第 6 章由孙永建编写。秦鹏、王明霞、刘林佳、叶骏东提供了部分素材,姜海波对全书进行了整理。

火箭军工程大学石林锁教授、蔡艳平教授、王涛教授对本书的编写提出了大量宝贵意见和修改建议,在此表示衷心的感谢。

在编写本书的过程中,笔者参考了相关文献资料,在此对其作者表示感谢。

限于水平,书中不足之处在所难免,望读者批评指正。

编著者

2023 年 3 月

# 目　　录

# 第1章 绪 论

## 1.1 课题研究的背景与意义

当前,内燃机已经被广泛应用于国民经济建设中的农业、工业、石油、电力、化工等领域[1]。在国防建设中,内燃机也已广泛应用于国防阵地工程和机动独立的作战单元中,如国防阵地中备用发电机的驱动装置,各类型号的装甲车辆、导弹发射车辆、装备保障车辆、特装车辆和各类舰船、潜艇的动力装置,以及各个作战单元中电力供应系统的驱动装置。无论是在国民经济建设领域还是国防工程建设领域,内燃机均发挥了重要的作用,因此对其进行状态监测和故障诊断,最大程度确保内燃机时刻处于最佳运行状态,意义十分重大[2]。

国内外学者围绕机械设备的故障诊断开展了大量研究工作,为机械故障诊断技术的发展作出了积极的贡献。内燃机的工作原理复杂,使得内燃机的振动响应信号十分复杂。内燃机在运行的过程中既包含了旋转运动,又包含了往复运动,运动形式复杂而且运动的部件较多。就旋转式机械设备而言,内燃机的激励响应要复杂得多。内燃机的振动响应信号具有典型的复杂性、非线性以及非稳态特性,这使得对内燃机进行振动故障诊断具有较大难度[3]。迄今为止,内燃机的振动故障诊断仍然是故障诊断领域中的难点和热点问题,对内燃机故障诊断开展持续的、深入的、多视角的技术研究是非常有必要的,这对于促进我国国民经济建设水平不断提高以及国防建设稳步发展有着重要的意义。

针对非线性、非稳态的振动信号,主要采用的处理方法是时频分析,如WVD分布[4-5]、S变换[6]、小波变换[7-8]、短时傅里叶变换(Short Time Fourier Transform,STFT)[9]、第二代小波分析[10-11]、高阶谱分析[12]、希尔伯特-黄变换(Hilbert – Huang Transform,HHT)时频分析[13-14]、自适应时频分析等信号处理方法[15-16]。一维的振动信号经过时频表征可以得到反映内燃机运行状态的可视化图形,但人们大多没有继续对这些可视化图形中隐藏的信息进行深入挖掘,而只是通过肉眼来观察和分析这些图形时间与频率的变化规律,最后给出判别结果。但是生成的可视化图形中,时频成分往往非常复杂,如小波分析中会出现多余的信号,WVD 时频相平面图中存在交叉干扰项等,科研工作者仅依靠自身经验去分析判断,所得到的诊断结果不可避免会存在人为主观成分,缺乏唯一性。对于同一幅振动可视化图像,有的诊断人员经过分析后认为是故障,有的则认为不是故障,尤其是那些潜在的、早期的一些微弱故障特征,反映在图像上的差别更加难以分辨,显然这对于内燃机故障诊断是非常不利的。相反,采用内燃机振动数据可视化分析诊断方法,通过图像特征表示数据域信息,将数据与图像相结合,可视化与故障诊断相结合,利用数据信息可视化表征、提取和识别,从而避免了故障诊断中的人为主观判断。此外,随着故障诊断精确化、智能化和快速化需求的不断提升,迫切需要寻求一种内燃机振动的数据可视化故障诊断新理论和新方法。本书针对内燃机故障诊断需求,采用"振动时频图像生成→振动时频图像融合和降维→振动时频图像特征提取→振动时频图像模式识别→内燃机故障诊断"的思路,提出基于振动时频图像分析的内燃机故障诊断方法。

# 1.2 内燃机故障诊断相关技术研究现状

国内外学者已经围绕机械设备的故障诊断开展了大量研究工作。Meltzer等人将时频分布成功应用于齿轮的故障诊断中[17];Le 等人利用 WVD 分布、崔-威廉斯(Choi - Williams)分布和双曲分布等分析方法对转子产生的裂纹进行了检测[18];Qiu 等人利用小波方法对旋转机械振动信号进行了消噪和微弱特征的提取工作[19];Yan 等人对小波进行了研究,并指出了不同种类小波在旋转机械中的适用问题[20];贾继德等人将采集到的变速器齿轮振动信号以对称极坐标的形式生成图形,通过对图形的识别实现了齿轮故障诊断[21];丁建明等人将谐波小波包与能量熵相结合,成功提取出轴承的内圈和滚动体故障的特征参量[22]。另外,高阶统计量、全息谱、奇异值分解、随机共振、形态分析、混沌等技术也被应用于故障诊断领域。如屈梁生院士提出的全息谱分析技术,能够对信号的幅值、频率和相位进行全面、有效的表征,对提高故障的识别诊断精度有很大帮助[23];从飞云、王冰等人和李冰等人对轴承分别采用奇异值分解和形态分析的方法,实现了微弱故障特征量的提取与诊断[24-26]。

这些成果为机械故障诊断技术的发展作出了积极的贡献,鉴于内燃机激励响应的复杂性,上述这些故障诊断技术和方法大多只适用于旋转机械的故障诊断,并不能很好地应用于内燃机机械故障诊断。目前,内燃机的状态检测和故障诊断方法有很多,综合起来,主要可分为以下几类:①瞬时转速分析诊断法;②声学分析诊断法;③振动信号诊断法;④热力参数分析诊断法;⑤油液成分分析诊断法;等等[27]。这些方法各有优劣,适用范围各不相同,但选用任何一种方法都无法对内燃机实现全方位的监测。对内燃机进行全方位实时监测和诊断难度很大,也没有必要。就状态检测和故障诊断的实时性要求来看,除了油液分析诊断法不能实时诊断外,其余方法均具备实时诊断的条件。从技术成熟的角度来讲,方法①、方法③和方法⑤技术更为成熟。如果要求监测设备经济简便,则方法①②③更为合适。文献[33]已经对内燃机的状态监测技术和故障诊断方法作了很好的归纳和总结,本书在此不赘述。

上述方法中,振动分析诊断方法由于不解体性、实时性好,精度高,适用范围广,加之振动信号本身测量简便,比较敏感地反映了各零部件之间的内在联系,因此内燃机振动分析诊断法一直是国内外研究的前沿和热点。内燃机振动分析诊断方法主要包括信号检测、信号处理、特征提取和模式识别四个环节,其中最关键也最困难的环节是振动信号的特征提取,该环节会对故障的早期预报以及诊断的精度产生直接的影响。从信号处理的角度来看,振动故障诊断的本质其实是完成信号不同类型的模式识别过程,即将内燃机的一维振动信号数据进行从模式空间到特征空间再到类空间的映射。在内燃机振动诊断的模式识别环节中,振动信号的特征量是决定分类的关键,但由于内燃机振动信号的非线性、非平稳性以及复杂性,在诊断的过程中那些最能反映故障的特征一般很难被挖掘,使得特征的选择和提取任务变得复杂,因此这也成为内燃机振动分析诊断的难点。

有个很明显的事实:在大多情况下,人是最好的模式识别工具。20 世纪 60 年代,有心理学家研究发现,通过适当的图形可以把复杂的逻辑判断变为相对简洁的感知判断。换句话说,人脑对数据等文本的处理是以一种“串行”的方式进行的,对图像则是以“并行”的方式进行处理的。人类对于事物的认知大部分来源于图形,正所谓“所见即所得”“千言万语不如一幅图”[28],相比于数据、文本等,人脑对于图像的处理更有优势。因此,数据可视化的目的就是将抽象的数据通过图形、图像的形式表现出来,从而加深人们对于数据本质的了解和认识。鉴于此,本书拟将数据可视化诊断方法引入内燃机故障诊断领域,利用图像的方法表达数据域的特征信息,将数据与图像相结合、可视化与故障诊断相结合,提出内燃机故障诊断的“可视化”分析诊断新理论和新方法,即通过先进的信息处理技术和图像处理技术,提升传统振动诊断领域中各物理参量表达与识别的准确性、可靠性和便捷性。

正如美国 J. Sims 对于可视化的评价——“可视化的作用是加速了科学研

究进程"[29]。随着计算机技术水平的不断进步、图像显卡性能的日趋强大和各类可视化应用系统的飞速发展,数据可视化目前已被广泛应用于气象、航空、通信、军事、地质学、医学[30]、海洋[31]、金融[32]、商务[33]、科学研究[34]、工程[35-37]等各个领域。在医学领域中,可视化与医学诊断紧密结合,主要应用于核磁共振医学诊断、心血管成像医学诊断和闪烁成像医学诊断,这些技术为人体的医疗诊断提供了必要的途径和方法。实际上,机械故障诊断的概念本身就源于医学故障诊断,因此将医学领域中的可视化诊断方法引入故障诊断领域是切实可行的。

随着故障理论的深入和信息处理技术的发展,可视化已经被用于故障诊断领域。国内外的众多学者对采用图形和图像的方法实现机械故障诊断进行了积极大胆的探索,目前常用的图像生成方法主要有以下几种。

(1)直接用 CCD(Charge Coupled Device)采集零部件表面故障信息的数字图像。华中科技大学的周云燕开发了货车故障检测系统,用摄像机对货车车架部位进行抓拍,并用 PCA(Principal Component Analysis)方法对图像进行降维,然后用径向基神经网络对图像进行分析以判断车架运行状态[38];意大利的 Mazzeo 用数字图像获取连接枕木与铁轨的紧固螺栓的状态,用图像处理的方法监测紧固螺栓的完好程度,建立了一套基于图像处理的铁路故障诊断系统[39];文献[40]用 CCD 图像监测齿轮的状态,并融合了基于迭代的阈值构造和基于形态学的边缘提取这两种算法,实现了对齿轮缺陷的高精度提取;文献[41]用 CCD 得到油滤磨屑的数字图像,并结合二维最大熵遗传算法和多元回归方法,完成了对发动机磨损状态的分析判断。

(2)对振动信号进行时频分析生成振动谱图像。文献[42]利用时频图像识别柴油机气门故障,并收到了较好的效果;Purkait P 等人利用图像分形分析方法来诊断齿轮箱冲击故障[43];葡萄牙的 Amaral 提出一种基于图像处理的三相电机静子故障检测的新方法[44];Zhu 采用图像识别技术来诊断旋转机械故障[45];Harold 等人将基于图像和神经网络的故障自动识别技术应用于机械故障诊断中[46];哈尔滨工业大学的刘占生教授和窦唯博士对旋转机械故障诊断的图形识别方法进行了研究,先分别用时频图像、双谱图以及三维谱图进行分析,然后用数学形态学理论对生成的图像进行边缘检测,再用灰度-梯度共生矩阵提取图像的纹理特征,最后用免疫算法对汽轮机故障进行诊断,取得了较好的诊断结果[47-51];浙江大学的林勇提出了基于振动谱图像识别的机械故障诊断方法,将平滑伪维格纳-维利分布(Smoothed Pseudo Wigner-Ville Distribution,SPWVD)时频图像用于识别主减速器故障[52-53];刘学东通过 Wigner 高阶矩谱生成振动谱图像,然后用分形维数描述其特征[54];文献[55]通过 Hilbert 谱生成振动谱图像,然后用信息熵和三维重心描述振动谱图像的特征;别锋锋使用局域波理论将压缩机信号生成振动时频图像,借助图像分割方法描述时频图像的特征[56];刘路通过 S 变换和 Hilbert 变换生成振动谱图像,并利用二维小波变换和 Laws 方法提取所得振动谱图像的特征参数[57];关贞珍将轴承振动信号转化为双谱图,并利用灰度三角共生矩阵有效提取图像的纹理特征[58];文献[59]将轴承振动信号生成 SPWVD 时频图像,用图像融合方法综合利用同一轴不同方向的振动信号,然后提取时频图像的灰度共生矩阵特征参数表征轴承性能退化;Li 等[60]改进形态模式谱,用于发动机的故障诊断;文献[61-62]通过两个方向的信号生成轴心轨迹图,用形态谱提取特征;南京航空航天大学的孙丽萍[63]、海军航空工程学院的秦海勤[64]等为提高时频分析技术在设备故障诊断中的准确性,利用时频图像处理技术实现了对机械转子、齿轮和滚动轴承的故障诊断研究;上海交通大学的朱利民[65]提出了一种基于图像处理技术的短时功率谱时频二维特征提取方法,可有效地应用于旋转机械状态监测;南京航空航天大学的陈果[66]引入图像分析方法,提出了一种基于连续小波尺度谱直接提取转子故障信号中图像纹理特征的新方法;军械工程学院的张云强和华南理工大学的林龙将广义 S 变换时频图像用于轴承故障诊断中[67-70];军事交通学院的沈虹提出对柴油机振动信号进行三阶累积量计算,得到三阶累积量图像,而后提取图像灰度共生矩阵的纹理特征参数用于模式识别,并成功用于柴油机故障诊断[71];西安交通大学的夏勇、王成栋等人提出对信号的二次图像处理进行研究,然后再提取诊断特征量实现对柴油机的故障诊断[72-74],研究的主要方向是振动图像的生成方法;第二炮兵工程学院的蔡艳平等人将经验模态分解(Empirical Mode Decomposition,EMD)方法和 WVD 方法相结合生成了 EMD - WVD 时频图像,有效抑制了 WVD 的交叉干扰项,然后采用不变矩和灰度共生矩阵方法提取时频图像的特征参数[75-76]。

(3)通过红外热成像或声像等方法生成能够反映机械设备运行状态的图像。韩国的 Younus 将红外热成像技术用于旋转机械的故障诊断系统中,首先用二维离散小波变换对得到的红外热图像进行分解,提取特征参数,然后用 Mahalanobis 距离对特征参数进行优选,最后用支持向量机的方法进行分类,实现了对旋转机械的故障诊断研究[77];英国的 Tran[78]提出一种新的基于热图像的旋转机械故障诊断系统,该系统分别用二维经验模态分解技术和广义鉴别分析技术对红外热图像进行特征提取和降维,并用相关向量机实现了对故障状态的诊断;Ali M D 等人以热红外图像为手段对齿轮传动机构进行故障诊断[79-80];Fadel M 等人研究了人脸识别技术在实时检测机械生产环境中的应用并取得一定成果[81];Hyunuk Ha 等人拓展了红外图像识别技术在诊断传送带系统故障方面的应用[82];Nakano S 等人将 X 射线图像引入变速箱的故障研究中,并在工程实际中进行应用[83];大连理工大学的刘新全将红外热成像技术应用于机械设备潜在故障的诊断中,能够实现对机械设备潜在故障的有效判别,规避了故障的发生[84];文献[85-86]将基于声成像模式识别的方法应用于机械故障诊断中,首先采用波束形成算法得到声像图像,而后提取所得图像的奇异值特征和纹理特征,最后用支持向量机对声像图像进行识别,从而完成对机械设备工作状态的判别。

综合国内外研究现状可知:利用图像实现机械设备的故障诊断,大多只是停留在图形图像的生成方法上,如 CCD 图像、振动谱图像、热红外图像、X 射线图像,而且研究对象也都大多集中在一些运动简单、工作状态单一的机械设备上,如旋转机械。目前针对内燃机的振动时频图像诊断方法的研究还较少,没有对内燃机时频图像生成、特征提取、分类识别和诊断精度之间的关系进行系统研究。如何确定内燃机振动信号到图形域的映射关系(根据内燃机振动信号特点,合理选择时频图像生成方法),如何确定时频图像特征参数的表达形式(根据得到的振动时频图像特征,选用恰当的特征提取方法),将振动时频图像表示于故障模式识别时,如何协调图形分类和机器分类之间的一致性(所见即所得),这些都是需要解决的问题。因此,本书将内燃机的振动信号作为故障信息载体,系统提出一套基于振动时频图像处理的内燃机故障诊断理论体系,并建立适合内燃机振动时频图像生成、融合与降维、特征提取和模式识别的诊断方法。

# 1.3　本书的内容结构安排

本书以内燃机气门机构为对象,重点对基于振动时频图像的内燃机故障诊断方法进行研究,将内燃机一维振动信号转化为二维时频图像信息,从而将对内燃机的故障诊断问题变为对时频图像进行分类的问题。全书主要研究内燃机振动时频图像的生成、时频图像融合和降维处理、时频图像特征参数提取和时频图像分类等问题,结构如图 1-1 所示。

除本章外,其余章节内容安排如下。

第 2 章对内燃机振动时频图像识别诊断理论体系进行了介绍。首先介绍内燃机振动时频图像识别诊断理论体系的诊断流程,并对目前常用的时频图像生成方法、时频图像特征提取方法和时频图像识别方法进行简单介绍。

第 3 章对基于模态分解的时频图像生成方法进行研究。针对传统的时频图像生成方法中的维格纳分布中存在的交叉干扰项和 HHT 方法生成的时频图像没有物理意义的问题,提出 MICEEMD-PWVD 和 KVMD-PWVD 时频分析方法,使生成的时频图像物理意义明确,而且具有很高的时频聚集性。

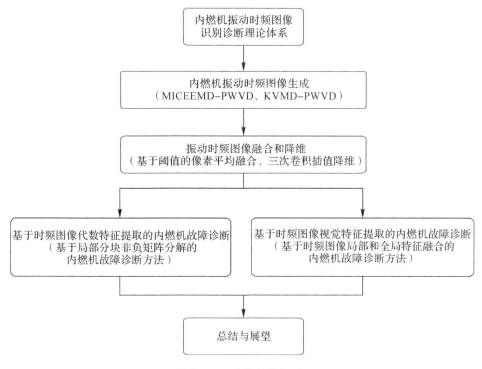

图 1-1 全书结构框图

第 4 章介绍内燃机振动时频图像融合和降维处理方法。针对内燃机循环波动影响，以及现有的图像融合方法并不能有效抑制内燃机循环波动性的问题，提出基于阈值的像素平均融合方法，有效抑制内燃机循环波动性对诊断结果的影响；另外，针对振动时频图像的维数高、计算效率低的问题，选用三次卷积插值法对振动时频图像进行降维，使降维后的时频图像保留原图像的特征信息，而且大大提高计算效率。

第 5 章提出基于分块局部非负矩阵分解的内燃机故障诊断方法。针对局部非负矩阵分解方法在处理高维数图像时计算效率不高和在新增加故障工况或样本的情况下需要重新分解计算的问题，提出分块局部非负矩阵方法，不但能有效提高运算效率，而且所得特征参数可保持很好的可分性。

第 6 章研究基于时频图像局部特征和全局特征融合的内燃机故障诊断方法。针对单一视觉特征参数不能完全表征时频图像特征，导致内燃机故障诊断正确率低、稳定性差的问题，提出用 D - S 证据理论，将 Gabor 局部特征、Hu 矩和灰度共生矩阵 3 种特征参数的单特征 BP 神经网络诊断结果进行决策融合，从而得到较为准确可靠的故障诊断结果。

# 第2章 基于振动时频图像处理的内燃机故障诊断理论体系

通过现代时频分析方法对内燃机振动信号进行分析,把时域振动信号中蕴含的内燃机工作状态信息表征到时间-频率域,并将分析结果通过振动时频图像的颜色或灰度分布特性表征出来,从而将内燃机故障诊断问题转化为图像的识别分类问题,然后通过对时频图像提取特征参数,并选择合适的模式识别方法来完成内燃机的故障诊断。鉴于以上思路,本章提出一种基于振动时频图像的内燃机故障诊断方法,其基本步骤为"内燃机振动信号采集→振动时频图像生成→振动时频图像特征提取→振动时频图像识别",其中振动时频图像生成、图像特征提取和模式识别是该方法的关键环节,直接影响着故障诊断的结果。本章主要对基于振动时频图像处理的内燃机故障诊断理论体系加以介绍,着重介绍诊断流程和三个重点环节。

## 2.1 振动时频图像的生成

时频图像是指利用时频分析方法将信号的时间、频率及能量(或幅值)等相关信息以时频分布图像的形式进行呈现。时频分析法是处理非平稳信号的主要手段,现代时频分析的方法有许多,潜在的振动时频图像生成方法如图 2-1 所示。在使用时,要根据具体故障类型,选择能反映内燃机振动信号的不同特征的图像生成方法,下面对目前常用的时频图像生成方法进行简单的介绍。

### 2.1.1 线性时频分析

目前,较为常用的线性时频分析方法主要有短时傅里叶变换(Short Time Fourier Transform,STFT)和小波变换(Wavelet Transform,WT),它们的特点是,信号分析过程满足线性叠加性,都是通过加窗实现时间局部性的。短时傅里叶变换中的窗函数是固定的,因此该方法的分辨率比较单一;连续小波变换的窗口形状随频率可调,故可以实现对信号的多分辨率分析。

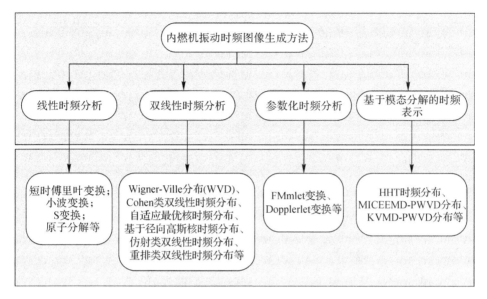

图 2-1　潜在的振动时频图像生成方法

STFT 是在傅里叶变换的基础上对信号进行加窗处理的,因此 STFT 可以同时在时域和频域上表示信号,有效反映了信号频谱的时间变化,具体定义如下[87]:

$$\text{STFT}_r(t,\omega) = \int_{-\infty}^{\infty} \left[ x(\tau) g^*(\tau - t) \right] e^{-j\omega\tau} d\tau \qquad (2-1)$$

式中:＊代表复数共轭。STFT 的时频分辨率与信号时频特征无关,窗函数确定后,信号时频分辨率也固定不变。而且,根据 Heisenberg 不确定性原理,STFT 的时间分辨率和频率分辨率不能同时任意小,它们的乘积受到一定值的限制,要提高时间分辨率就要降低频率分辨率,反之亦然。

小波变换是一种能够处理多分辨率的方法,针对高频、低频能的不同信号,可以分别采用窄时窗和宽时窗。小波变换在低频处具有较低的时域分辨率和较高的频域分辨率,而在高频处却恰恰相反,这种特性被称作"变焦"。信号 $h(t)$ 的小波变换定义为[88]

$$W_\psi(a,\tau) = |a|^{-\frac{1}{2}} \int_{-\infty}^{\infty} h(t) \psi^* \left( \frac{\tau - t}{a} \right) dt \qquad (2-2)$$

式中:$a$ 为伸缩尺度;$\tau$ 为平移因子;$\psi(t)$ 为母小波,满足 $C_\psi = \int_{-\infty}^{\infty} \frac{\psi(\omega)}{\omega} d\omega < \infty, C_\psi \neq 0$。

## 2.1.2　双线性时频分析

双线性又称为非线性,指的是所研究的信号在时频分布的表达式中以相乘的形式出现。双线性时频分析方法也称双线性时频分布,可以被看作信号能量在时频域中的分布,具有明确的物理意义。

维格纳-维尔分布(Wigner - Ville Distribution,WVD)是度量局部时频能量的二次形式,它几乎是所有双线性时频分布的基础,信号 $h(t)$ 的维格纳分布定义为

$$W(t,f) = \int_{-\infty}^{\infty} h\left(t + \frac{\tau}{2}\right) h^*\left(t - \frac{\tau}{2}\right) e^{-j2\pi f\tau} \mathrm{d}\tau \qquad (2-3)$$

WVD 的定义式没有加窗操作,避免了频域分辨率和时域分辨率之间的相互牵制,对于单分量信号,WVD 时频分辨率高,但是在分析多分量信号时,会产生交叉项影响信号时频图像的可分辨性和可解释性,不利于信号自项的识别[89]。

为了抑制 WVD 中的交叉项干扰,人们在实际应用中对 WVD 作了某些改进,由此出现了一系列其他形式的时频分布。1966 年,Cohen 发现众多的时频分布只是 WVD 的变形,可以用统一的形式表示。在这种统一形式里,不同的时频分布只是对 WVD 加不同的核函数而已,对于时频分布各种性质的要求,则反映在对核函数的约束条件上,Cohen 类时频分布表示形式如下:

$$\begin{aligned}
C_x(t,\omega) &= \frac{1}{4\pi^2} \iiint x\left(u + \frac{\tau}{2}\right) x^*\left(u - \frac{\tau}{2}\right) \varphi(\tau,\theta) \mathrm{d}u \mathrm{d}\tau \mathrm{d}\theta \\
&= \frac{1}{4\pi^2} \iint \varphi(\tau,\theta) A(\tau,\theta) e^{-j(\theta t + \tau\omega)} \mathrm{d}\tau \mathrm{d}\theta \qquad (2-4) \\
&= \frac{1}{4\pi^2} \iint \varphi(\tau,\theta) \mathrm{WVD}(t - \tau, \omega - \theta) \mathrm{d}\tau \mathrm{d}\theta
\end{aligned}$$

式中: $A(\tau,\theta) = \int x\left(u + \frac{\tau}{2}\right) x^*\left(u - \frac{\tau}{2}\right) e^{j\theta u} \mathrm{d}u$ 为信号的模糊函数; $\varphi(\tau,\theta)$ 为核函数,对于不同的核函数,得到不同形式的时频分布; $\omega = 2\pi\theta$ ,对应频率; $t$ 为时间; $\tau$ 为时移; $\theta$ 为频移。其中, $(t,\omega)$ 构成时频域, $(\tau,\theta)$ 构成模糊域。

另外,Cohen 将时变的自相关函数定义为[90]

$$R_x(t,\tau) = \frac{1}{2\pi} \int_{-\infty}^{\infty} A(\tau,\theta) \varphi(\tau,\theta) e^{-j\theta t} \mathrm{d}\theta \qquad (2-5)$$

Cohen 类时频分布的基本思想为:将信号的瞬时自相关函数映射到模糊域,根据交叉项远离模糊域原点的特点,乘以该域中的一个二维低通函数,即核函数

$\varphi(\tau,\theta)$,之后再进行二维傅里叶变换,将信号由模糊域映射回时频域,至此便得到了交叉项受到一定程度抑制的时频分布。很显然,当 $\varphi(\tau,\theta)=1$ 时,式(2-5)即简化为 WVD 公式,核函数取为 1 意味着,其为模糊域中的二维全通函数,没有对交叉项做任何处理。

Cohen 类时频分析通过在模糊域设计核函数来抑制交叉项,但核函数的引入在一定程度上影响了自项的识别,另外,由于核函数固定,无法实现与信号局部的差异性匹配。因此,对于多分量信号,Cohen 类时频分析的交叉项问题与分辨率问题,始终矛盾对立。

下面简单介绍两种常用的 Cohen 类时频分布。

1.伪维格纳分布

在 WVD 中,若对变量 $\tau$ 加一个窗函数 $h(\tau)$ 来减小交叉项,则可以得到一种改造后的 Wigner - Ville 分布,即伪维格纳分布(Pseudo Wigner - Ville Distribution,PWVD),定义如下:

$$\mathrm{PWVD}_x(t,\omega) = \int_{-\infty}^{\infty} x\left(t+\frac{\tau}{2}\right) x^*\left(t-\frac{\tau}{2}\right) h(\tau) \mathrm{e}^{-\mathrm{j}\omega\tau} \mathrm{d}\tau \qquad (2-6)$$

其中 $h(\tau)$ 为一个实的偶窗函数,本质上应是一个低通函数。

2.平滑伪维格纳分布

若对 $t$ 和 $\tau$ 同时加窗,即采用窗函数 $g(t)$、$h(\tau)$,对 $t$ 和 $\tau$ 分别加 $g(t)$ 和 $h(\tau)$ 作平滑,这样改造得到的 WVD 分布,通常称作平滑伪维格纳分布(Smoothed Pseudo Wigner - Ville Distribution,SPWVD),定义如下:

$$\mathrm{SPWVD}_x(t,\omega) = \int_{-\infty}^{\infty} g(u)h(\tau)x\left(t-u+\frac{\tau}{2}\right) x^*\left(t-u-\frac{\tau}{2}\right) \mathrm{e}^{-\mathrm{j}\omega\tau} \mathrm{d}u\mathrm{d}\tau$$

$$(2-7)$$

式中:$g(t)$ 和 $h(\tau)$ 是两个实的偶窗函数。

## 2.1.3　希尔伯特-黄变换

1998 年,Huang 等人在对瞬时频率进行深入研究后,提出了希尔伯特-黄变换(Hilbert - Huang Transform,HHT),它主要由两个部分组成——经验模态分解(Empirical Mode Decomposition,EMD)与希尔伯特变换,即将复杂信号分解成若干个本征模态函数(Intrinsic Mode Function,IMF),再对每一个 IMF 进行希尔伯特变换,得到其随时间变化的瞬时频率和振幅,进而得到希尔伯特时频谱[91]。

HHT 的前提假设是:任一信号都是由若干本征模态函数组成的,各 IMF

信号相加,便构成复合信号。IMF 具有两个特征:①极值点数目和过零点数目相等或者至多相差 1;②由局部极大值构成的上包络和由局部极小值构成的下包络的平均值为零。这两个特征也是 EMD 分解结束的收敛准则。EMD 的具体步骤如下。

(1)寻找原始数据 $x(t)$ 的局部极值,利用三次样条差值得到上、下两条极值包络线 $x_{\max}(t)$、$x_{\min}(t)$ 并求平均,得到瞬时平均值 $m(t)$:

$$m(t) = \frac{1}{2}\left[x_{\max}(t) + x_{\min}(t)\right] \tag{2-8}$$

(2)用原始数据 $x(t)$ 减去瞬时平均值得到一个去低频的新数据 $h(t)$:

$$h(t) = x(t) - m(t) \tag{2-9}$$

若 $h(t)$ 满足 IMF 条件,则将其定义为第一个本征模态函数,记为 $c_1(t)$;反之,则令 $h(t)$ 为新的原始数据,重复以上步骤,直到 $h(t)$ 满足所需条件为止。

(3)将 $c_1(t)$ 从原始数据中分离出来,得到剩余部分 $r_1(t)$:

$$r_1(t) = x(t) - c_1(t) \tag{2-10}$$

(4)将 $r_1(t)$ 作为新的处理目标,返回(1),继续进行运算,直到剩余部分为一个单调信号或常数,再也分离不出 IMF。最终得到原始数据信号的分解形式为

$$x(t) = \sum_{j=1}^{n} c_j(t) + r_n \tag{2-11}$$

经检验模态分解后对所有的 IMF 做 Hilbert 变换,得到每个 IMF 的 Hilbert 时频谱,记为

$$x_j(t) = c_j(t) \tag{2-12}$$

$x_j(t)$ 的 Hilbert 变换为

$$y_j(t) = \frac{1}{\pi}\int_{-\infty}^{\infty}\frac{x(\tau)}{t-\tau}\mathrm{d}\tau \tag{2-13}$$

根据 Hilbert 变换的定义,$x_j(t)$、$y_j(t)$ 为复共轭,共同构成解析函数 $z_j(t)$:

$$z_j(t) = x_j(t) + \mathrm{i}y_j(t) = a_j(t)\mathrm{e}^{\mathrm{i}\theta_j(t)} \tag{2-14}$$

相应的振幅和频率为

$$a_j(t) = \left|x_j(t) + y_j(t)\right| \tag{2-15}$$

$$\omega_j(t) = \frac{\mathrm{d}\theta_j(t)}{\mathrm{d}t}, \theta_j(t) = \arctan\frac{y_j(t)}{x_j(t)} \tag{2-16}$$

相较于传统傅里叶变换,此处得到的振幅和相位均为时间的函数。

# 2.2　振动时频图像特征提取方法

振动时频图像的特征提取是内燃机振动时频图像识别诊断系统中的关键环节,直接决定内燃机故障诊断的效果。振动时频图像识别,与人脸识别和目标识别中的特征提取情况不同,振动时频图像显示颜色或灰度沿时间轴和频率轴的分布情况,不同的颜色、灰度和形状对应不同的频率分量构成,不同的坐标位置代表不同的时间和频率,因此,振动时频图像特征对平移和旋转均较敏感,选择适用的特征提取方法至关重要。

目前,常用的图像的特征提取方法主要分为视觉特征和代数特征两大类,视觉特征包含颜色特征、纹理特征、形状特征、空间关系特征[92],图 2-2 所示为潜在的时频图像特征提取方法。下面对常纹理特征的灰度共生矩阵(Gray Level Co-occurrence Matrix,GLCM)与 Gabor 特征、形状特征的 Hu 不变矩和代数特征的主成份分析(Principle Components Analysis,PCA)方法进行简单介绍。

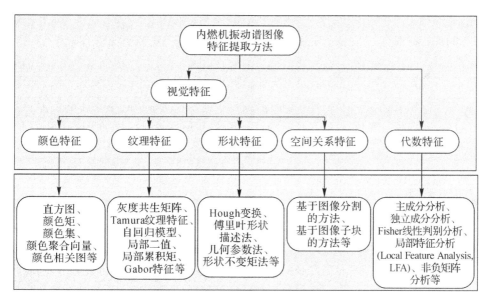

图 2-2　潜在的振动时频图像特征提取方法

## 2.2.1　灰度共生矩阵特征提取

GLCM 是 1973 年 Haralick 等人提出的一种纹理统计分析方法和纹理测量技术[93]。GLCM 以图像灰度级为 $i$ 的象元 $(x_1,y_1)$ 为起点,统计满足特定的角度和距离关系 $(d,\theta)$,且达到灰度级 $j$ 的象元出现的概率。其数学表达式[94]为

$$\left.\begin{aligned}P(i,j,d,\theta) &= (x_1,y_1),(x_2,y_2) \mid f(x_1,y_1)=i\\f(x_2,y_2) &= j, \mid (x_1,y_1)-(x_2,y_2)\mid = d\\\angle[(x_1,y_1)&-(x_2,y_2)]=\theta\end{aligned}\right\} \quad (2-17)$$

式中: $(x_2,y_2)$ 为灰度级为 $j$ 的象元。通常 $d=\{1,2,3,4\}$,$\theta=\{0°,45°,90°,135°\}$。

本书在对图像进行纹理特征提取时,采用以下 GLCM 中 11 个特征参量。

二阶角矩:用于度量灰度与纹理的均布特性的量。其数学表达式为

$$f_1 = \sum_{i=1}^{N_g}\sum_{j=1}^{N_g}P^2(i,j,d,\theta) \quad (2-18)$$

对比度:用于度量图像的纹理和清晰度的量。其数学表达式为

$$f_2 = \sum_{n=0}^{N_g-1}n^2\left[\sum_{i=1}^{N_g}\sum_{j=1}^{N_g}P^2(i,j,d,\theta)\right] \quad (2-19)$$

相关度:用于度量共生矩阵中灰度线性关系的量。其数学表达式为

$$f_3 = \sum_{i=1}^{N_g}\sum_{j=1}^{N_g}[(i\times j)\times P(i,j,d,\theta)-\mu_x\times\mu_y]/(\sigma_x\times\sigma_y) \quad (2-20)$$

式中: $\mu_x,\mu_y$ 分别为 $P_x(i),P_y(j)$ 的均值; $\sigma_x,\sigma_y$ 分别为 $P_x(i),P_y(j)$ 的标准差。

$$P_x(i)=\sum_{j=1}^{N_g}P(i,j,d,\theta)P_y(i)=\sum_{i=1}^{N_g}P(i,j,d,\theta) \quad (2-21)$$

熵 $(f_4)$、和熵 $(f_5)$、差熵 $(f_6)$:用于度量图像中纹理复杂程度的量。其数学表达式为

$$f_4 = -\sum_{i=1}^{N_g}\sum_{j=1}^{N_g}P^2(i,j,d,\theta)\log[P(i,j,d,\theta)] \quad (2-22)$$

$$f_5 = -\sum_{k=2}^{2N_g}P_{x+y}(k)\log[P_{x+y}(k)] \quad (2-23)$$

$$f_6 = -\sum_{k=0}^{N_g-1}P_{x-y}(k)\log[P_{x-y}(k)] \quad (2-24)$$

均值和:用于度量图像色调深潜的量。其数学表达式为

$$f_7 = \sum_{k=2}^{2N_g} k \times P_{x+y}(k) \qquad (2-25)$$

方差($f_8$)、方差和($f_9$):用于度量图像纹理周期性和变化速度的量。其数学表达式为

$$f_8 = \sum_{i=1}^{N_g} \sum_{j=1}^{N_g} (1-u)^2 P(i,j,d,\theta) \qquad (2-26)$$

式中:$u$ 为 $P(i,j,d,\theta)$ 的均值。

$$f_9 = \sum_{k=2}^{2N_g} (k-f_7)^2 P_{x+y}(k) \qquad (2-27)$$

差方差:用于度量临近象元灰度值差异的方差。其数学表达式为

$$f_{10} = \sum_{k=0}^{N_g-1} \Big[k - \sum_{k=1}^{N_g-1} k \times P_{x-y}(k)\Big] \times P_{x-y}(k) \qquad (2-28)$$

逆差矩:用于度量图像中纹理分布规则性的量。其数学表达式为

$$f_{11} = \sum_{i=1}^{N_g} \sum_{j=1}^{N_g} P(i,j,d,\theta)/[1+(i-j)^2] \qquad (2-29)$$

在对振动时频图像特征进行提取时,可以提取以上 11 个特征参数,作为振动时频图像的纹理特征向量,有

$$\boldsymbol{t} = \begin{bmatrix} f_1 & f_2 & f_3 & f_4 & f_5 & f_6 & f_7 & f_8 & f_9 & f_{10} & f_{11} \end{bmatrix} \qquad (2-30)$$

在实际应用中,一幅时频图像的灰度级数一般是 256 级,计算 GLCM 时,往往在不影响纹理特征的前提下,先将原时频图像的灰度级进行压缩,一般取 8 级或 16 级,以便减小共生矩阵的尺寸,提高计算效率。对于每一方向的灰度共生矩阵,都可以计算其特征量;因为每个时频图像在四个方向都有灰度共生矩阵,对应每个特征都有 4 个不同方向的纹理特征值,为降低特征参数的维数,常将四个方向所得的纹理特征值的均值作为图像特征进行后续分类。

## 2.2.2　矩特征提取

矩在统计学中表征随机量的分布,一幅灰度图像可以用二维灰度密度函数来表示,因此可以用矩来描述灰度图像的特征。

一幅 $M \times N$ 的数字图像 $f(i,j)$,其 $p+q$ 阶几何矩和中心矩 $\mu_{pq}$ 为[95]

$$m_{pq} = \sum_{i=1}^{M} \sum_{j=1}^{N} i^p j^q f(i,j) \quad (p,q=0,1,2,\cdots) \qquad (2-31)$$

$$\mu_{pq} = \sum_{i=1}^{M} \sum_{j=1}^{N} (i-\bar{i})^p (j-\bar{j})^q f(i,j) \quad (p,q=0,1,2,\cdots) \qquad (2-32)$$

式中：$\bar{i} = m_{10}/m_{00}$，$\bar{j} = m_{01}/m_{00}$。

若将 $m_{00}$ 看作是图像的灰度质量，则 $(\bar{i}, \bar{j})$ 为图像灰度质心坐标，那么，中心矩 $\mu_{pq}$ 反映的是图像的灰度相对于其灰度质心的分布情况。可以用几何矩来表示中心矩，0～3 阶中心矩与几何矩的关系为

$$\mu_{00} = \sum_{i=1}^{M} \sum_{j=1}^{N} (i-\bar{i})^0 (j-\bar{j})^0 f(x,y) = m_{00} \qquad (2-33)$$

$$\mu_{10} = \sum_{i=1}^{M} \sum_{j=1}^{N} (i-\bar{i})^1 (j-\bar{j})^0 f(x,y) = 0 \qquad (2-34)$$

$$\mu_{01} = \sum_{i=1}^{M} \sum_{j=1}^{N} (i-\bar{i})^0 (j-\bar{j})^1 f(x,y) = 0 \qquad (2-35)$$

$$\mu_{11} = \sum_{i=1}^{M} \sum_{j=1}^{N} (i-\bar{i})^1 (j-\bar{j})^1 f(x,y) = m_{11} - \bar{y}m_{10} \qquad (2-36)$$

$$\mu_{20} = \sum_{i=1}^{M} \sum_{j=1}^{N} (i-\bar{i})^2 (j-\bar{j})^0 f(x,y) = m_{20} - \bar{x}m_{10} \qquad (2-37)$$

$$\mu_{02} = \sum_{i=1}^{M} \sum_{j=1}^{N} (i-\bar{i})^0 (j-\bar{j})^2 f(x,y) = m_{02} - \bar{y}m_{01} \qquad (2-38)$$

$$\mu_{30} = \sum_{i=1}^{M} \sum_{j=1}^{N} (i-\bar{i})^3 (j-\bar{j})^0 f(x,y) = m_{30} - 3\bar{x}m_{20} + 2\bar{x}^2 m_{10} \qquad (2-39)$$

$$\mu_{12} = \sum_{i=1}^{M} \sum_{j=1}^{N} (i-\bar{i})^1 (j-\bar{j})^2 f(x,y) = m_{12} - 2\bar{y}m_{11} - \bar{x}m_{02} + 2\bar{y}^2 m_{10}$$
$$(2-40)$$

$$\mu_{21} = \sum_{i=1}^{M} \sum_{j=1}^{N} (i-\bar{i})^2 (j-\bar{j})^1 f(x,y) = m_{21} - 2\bar{x}m_{11} - \bar{y}m_{20} + 2\bar{x}^2 m_{01}$$
$$(2-41)$$

$$\mu_{03} = \sum_{i=1}^{M} \sum_{j=1}^{N} (i-\bar{i})^0 (j-\bar{j})^3 f(x,y) = m_{03} - 3\bar{y}m_{02} + 2\bar{y}^2 m_{01}$$
$$(2-42)$$

为了消除图像比例变化带来的影响，定义规格化中心矩为

$$\eta_{pq} = \frac{\mu_{pq}}{\mu_{00}^{\gamma}} \quad (\gamma = \frac{p+q}{2} + 1, p+q = 2,3,\cdots) \qquad (2-43)$$

利用二阶和三阶规格中心矩可以导出以下 7 个不变矩组（$\Phi_1 \sim \Phi_7$），它们在图像平移、旋转和比例变化时保持不变，则有

$$\Phi_1 = \eta_{20} + \eta_{02} \qquad (2-44)$$

$$\Phi_2 = (\eta_{20} + \eta_{02})^2 + 4\eta_{11}^2 \qquad (2-45)$$

$$\Phi_3 = (\eta_{30} + 3\eta_{12})^2 + 3(\eta_{21} - \eta_{03})^2 \qquad (2-46)$$

$$\Phi_4 = (\eta_{30} + \eta_{12})^2 + (\eta_{21} - \eta_{03})^3 \qquad (2-47)$$

$$\Phi_5 = (\eta_{30} + 3\eta_{12})(\eta_{30} + \eta_{12})[(\eta_{30} + \eta_{12})^2 - 3(\eta_{21} + \eta_{03})^2] +$$
$$(3\eta_{21} - \eta_{03})(\eta_{21} + \eta_{03})[3(\eta_{30} + \eta_{12})^2 - (\eta_{21} + \eta_{03})^2] \qquad (2-48)$$

$$\Phi_6 = (\eta_{20} - \eta_{02})[(\eta_{30} + \eta_{12})^2 - (\eta_{21} + \eta_{03})^2] + 4\eta_{11}(\eta_{30} + \eta_{12})(\eta_{21} + \eta_{03})$$
$$\qquad (2-49)$$

$$\Phi_7 = (3\eta_{21} - \eta_{03})(\eta_{30} + \eta_{12})[(\eta_{30} + \eta_{12})^2 - 3(\eta_{21} + \eta_{03})^2] +$$
$$(3\eta_{12} - \eta_{30})(\eta_{21} + \eta_{03})[3(\eta_{30} + \eta_{12})^2 - (\eta_{21} + \eta_{03})^2] \qquad (2-50)$$

## 2.2.3　Gabor 特征提取

时频图像的 Gabor 特征是运用 Gabor 小波变换对振动时频图像进行小波变换处理后得到的特征。Gabor 小波可以看作基函数是 Gabor 函数的小波变换。Gabor 函数可以同时在频域或时域有最佳的局部化,因为它能够达到"Heisenberg 测不准原理"中所确定的有效宽带乘积和有效持续时间的下界。Daugman 最先将二维 Gabor 变换应用于计算机视觉领域[96]。

二维 Gabor 核函数的定义为

$$\Psi_{u,v}(k,z) = \frac{\|k_{u,v}\|^2}{\sigma^2} \exp\left(-\frac{\|k_{u,v}\|^2 \|z\|^2}{2\sigma^2}\right) \cdot \left[\exp(ik_{u,v}z) - \exp\left(-\frac{\sigma^2}{2}\right)\right]$$
$$\qquad (2-51)$$

式中：$u$ 和 $v$ 分别代表 Gabor 核的方向和尺度；$z = (x,y)$ 是给定位置的图像坐标；$k_{u,v}$ 是滤波器的中心频率,由它确定 Gabor 内核的方向和尺度。采用 8 个方向和 5 个尺度进行采样,这样能够保证 Gabor 变换后的信息不丢失[97]。某个方向和尺度上的 $k_{u,v}$ 可表示为

$$k_{u,v} = k_v e^{i\varphi_u} \qquad (2-52)$$

式中：$k_v = k_{max}/f^v$,$v \in \{0,1,\cdots,4\}$；$\varphi_u = \pi u/8$,$u \in \{0,1,\cdots,7\}$；取 $k_{max} = \pi/2$,$f = \sqrt{2}$,$\sigma = 2\pi$。

时频图像的 Gabor 特征定义为 Gabor 小波核函数和输入时频图像的卷积。令输入时频图像的灰度值为 $I(x,y)$,则图像 $I$ 与 Gabor 核函数的卷积定义为

$$O_{u,v}(x,y) = I(x,y) * \Psi_{u,v}(x,y) \qquad (2-53)$$

$O_{u,v}(x,y)$ 是尺度 $v$、方向 $u$ 的小波核函数在点 $(x,y)$ 处的卷积结果。

Gabor 变换的结果包含虚部和实部两部分,其中,幅值的变化相对平滑稳定,而相位谱随着空间位置呈周期性变化。一般采用 Gabor 变换后的幅值作为时频图像的特征参数。另外,时频图像经过 Gabor 变换之后得到 Gabor 幅值特征的维数较高,需要对其进行降维,可以用 PCA 方法降维。

## 2.2.4  PCA 特征提取

20 世纪 80 年代末，Kirby 和 Sirovich 将 KL 变换思想引入图像表示领域[98]，主成分分析方法（Principal Component Analysis，PCA）是由 Turk 和 Pentland 在 KL 思想启发下提出的[99]。PCA 的主要思想是将高维时频图像数据投影到低维空间，使它们在低维空间中的分散程度最大化，从而更容易对时频图像进行分类。在数学上已经证明，用于将样本进行投影的向量可以通过求解特征值问题间接求得。

利用下式将高维空间中的图像 $X(X \in R^n)$ 通过投影向量 $W$ 投影到低维空间中的特征向量 $Y(Y \in R^d, d \ll n)$，即

$$Y = W^T X \tag{2-54}$$

设有 $M$ 个 $m \times n$ 维的训练样本图像 $X_1, X_2, \cdots, X_M$，将它们排列为 $mn$ 维列向量。样本的协方差矩阵为

$$G = \frac{1}{M} \sum_{i=1}^{M} (X_i - \bar{X})(X_i - \bar{X})^T \tag{2-55}$$

很容易证明，$G$ 是一个 $mn$ 维的实对称矩阵。式（2-55）中，$\bar{X} = \frac{1}{M} \sum_{i=1}^{M} X_i$ 为所有样本的平均向量。

在实际使用中，$mn$ 是一个非常大的数，直接计算非常困难。可以通过奇异值分解（Singular value decomposition，SVD）定理来解决这一问题。令：$G = \frac{1}{M} \sum_{i=1}^{M} (X_i - \bar{X})(X_i - \bar{X})^T = \frac{1}{M} UU^T$，式中，$U = (X_1 - \bar{X}, X_2 - \bar{X}, \cdots, X_M - \bar{X})$，构造矩阵：$R = U^T U \in R^{M \times M}$，容易求出其特征值 $\lambda_i$ 及对应的特征向量 $\beta_i (i = 1, 2, \cdots, M)$。由奇异值分解定理可知，$G$ 的正交归一化特征向量为

$$\alpha_i = \frac{1}{\sqrt{\lambda_i}} U \beta_i \quad (i = 1, 2, \cdots, M) \tag{2-56}$$

将特征值从大到小排列：$\lambda_1 \geqslant \lambda_2 \geqslant \cdots \geqslant \lambda_M$，其对应的特征向量为 $\alpha_i$。取 $G$ 的前 $d$ 个最大特征值所对应的特征向量 $\alpha_1 \geqslant \alpha_2 \geqslant \cdots \geqslant \alpha_d$，令 $W = [\alpha_1 \quad \alpha_2 \quad \cdots \quad \alpha_d]$，即可得到样本图像的特征向量。$d$ 的取值满足以下条件：

$$\frac{\sum_{i=1}^{d} \lambda_i}{\sum_{i=1}^{n} \lambda_i} \geqslant \theta \tag{2-57}$$

式中：$\theta$ 为样本集在前 $d$ 个轴上的能量占整个能量的比例。

　　通过线性变换公式 $\boldsymbol{Y} = \boldsymbol{W}^{\mathrm{T}} \boldsymbol{X}$ 可得到一簇投影特征向量 $\boldsymbol{Y}_1, \boldsymbol{Y}_2, \cdots, \boldsymbol{Y}_M$，我们称之为样本图像的主成分。从而样本图像的特征矩阵可以表示为 $\boldsymbol{B} = \begin{bmatrix} \boldsymbol{Y}_1 & \boldsymbol{Y}_2 & \cdots & \boldsymbol{Y}_M \end{bmatrix}$，它的大小为 $d \times M$。经过 PCA 我们可以将一个 $mn$ 维向量压缩成 $d$ 维向量（ $d \ll mn$ ），产生明显的降维效果。

# 2.3　振动时频图像识别方法

　　用同种方法对不同图像提取特征参数，或用同不方法对相同图像提取特征参数，所得到的特征参数类型不同，可分性差异较大，而且图像的特征参数一般较为复杂，是线性不可分的，所以在提取特征参数后，选择哪种模式识别方法对图像进行分类非常重要，直接影响识别的正确率。而图像模式识别方法的设计就是寻找一个最优的模式识别方法，使得图像的分类结果最优。目前，常用的模式识别方法的种类有很多，如统计的模式识别方法、句法模式识别方法、模糊模式识别方法、神经网络模式识别方法和支持向量机模式识别方法，其潜在的振动时频图像模式识别方法如图 2-3 所示。这些模式识别方法为内燃机振动时频图像特征参数分类识别提供了必要的方法和手段，下面对常用的 NNC、BP 神经网络和 SVM 三种方法进行简单的介绍。

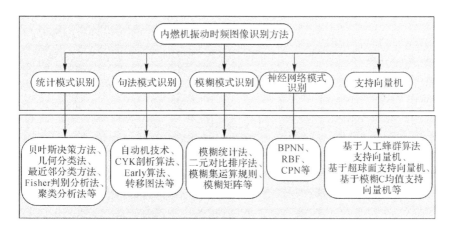

图 2-3　潜在的内燃机振动时频图像模式识别方法

## 2.3.1　最近邻分类器

最近邻分类器(Nearest Neighbor Classifier，NNC)是通过计算测试样本和各待分类样本之间的欧式距离，该方法具有简单、高效的特点[100]。

假定有 $c$ 个类别 ($\omega_1, \omega_2, \cdots, \omega_c$) 的模式识别问题，每类有标明类别的样本 $N_i(i = 1, 2, \cdots, c)$ 个。可以规定 $\omega_i$ 类的判别函数为

$$g_i(x) = \min_k \| x - x_i^k \| \quad (k = 1, 2, \cdots, N_i) \quad (2-58)$$

式中：$x_i^k$ 的角标 $i$ 表示 $\omega_i$ 类，$k$ 表示 $\omega_i$ 类 $N_i$ 个样本中的第 $k$ 个。按照式(2-58)，决策规则可以写为若 $g_i(x) = \min_k g_i(x), i = 1, 2, \cdots, c$，则决策 $x \in \omega_j$。

## 2.3.2　支持向量机

支持向量机(Support Vector Machine，SVM)[101]是 Vapnikd 等人提出的基于统计学习理论的方法，为解决非线性、小样本问题提供了一个新的思路。

SVM 的基本思想是升维和线性化：定义最优线性超平面，并寻找最优分类的超平面，使该超平面在确保分类精度的同时分类间隔( margin )最大，如图 2-4 所示，图中 $H$ 为分类线，在 $H$ 的两侧各有一类分类样本，$H_1$ 和 $H_2$ 分别表示距离分类线 $H$ 最近的样本，$H_1$ 和 $H_2$ 到 $H$ 的距离相等且与 $H$ 保持平行。分类线 $H$ 的方程为 $w \cdot x + b = 0$，对其归一化，使线性可分样本集 $(x_i, y_i)$(其中 $i = 1, \cdots, n, x \in R^d, y \in \{-1, 1\}$) 满足：

$$y_i[(w \cdot x_i) + b] - 1 \geqslant 0, i = 1, \cdots, l \quad (2-59)$$

此时的分类间隔为 $2/\| \omega \|$，若使 $2/\| \omega \|$ 最大则 $\| \omega \|$ 应当最小，易证 $\| \omega \|^2/2$ 最小分类面为最优，位于 $H_1$ 和 $H_2$ 的样本点即为支持向量。

使用 SVM 实现分类可分为以下步骤。

(1)有 $M$ 类的分类问题，给定其训练集：

$$\left. \begin{array}{l} T = \{(x_1, y_1), (x_2, y_2), \cdots, (x_l, y_l)\} \\ x_i \in R^d, i = 1, 2, \cdots, l \\ y \in \{1, 2, \cdots, M\} \end{array} \right\} \quad (2-60)$$

(2)对 $j = 1, 2, \cdots, M$ 进行如下运算，将其中一类作为正类，剩下 $M-1$ 类作为负类，求出决策函数 $f(x)$：

$$f^j(x) = \mathrm{sgn}[g^j(x)] \quad (2-61)$$

式中：$g(x)$ 为分类平面函数。

(3)判断输入 $x$ 属于第 $J$ 类,其中 $J$ 是 $g^1(x),g^2(x),\cdots,g^M(x)$ 中最大者的上标。

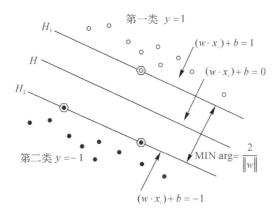

图 2-4    支持向量机原理示意图

## 2.3.3    BP 神经网络

BP 神经网络(Back Propagation Neural Network,BPNN)是 Rumelhart 于 1985 年提出的,它系统地解决了多层网络中隐单元连接权的学习问题,BP 神经网络由输入层、隐含层和输出层三层组成,其核心是一边向后传递误差,一边修正误差,不断调节网络参数(阈值和权值),以实现或逼近所希望的输入、输出映射关系。图 2-5 所示为典型的单隐层结构的 BP 神经网络的结构,输入层有 $n$ 个神经元,输入矢量 $x \in R^n$,$\boldsymbol{X} = \begin{bmatrix} x_1 & x_2 & \cdots & x_n \end{bmatrix}^\mathrm{T}$;隐层有 $h$ 个神经元,$\boldsymbol{x}' \in R^h$,$\boldsymbol{X}' = \begin{bmatrix} x'_1 & x'_2 & \cdots & x'_h \end{bmatrix}^\mathrm{T}$;输出层有 $m$ 个神经元,$\boldsymbol{Y} = \begin{bmatrix} y_1 & y_2 & \cdots & y_m \end{bmatrix}^\mathrm{T}$,输出向量 $y \in R^m$。

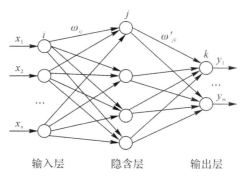

图 2-5    BP 神经网络结构

BP 神经网络的学习过程如下[102]。

(1)设定 BP 神经网络初始权值和阈值为较小随机数；

(2)将已知的 $p$ 个学习样本输入到 BP 神经网络中；

(3)按照式(2-63)可得到输出 $x'_j$、$y_k$：

$$\left. \begin{array}{l} x'_j = f(u_j) = f(\sum_{i=1}^{n+1} W_{ji}x_i) \\ y_k = f(u'_k) = f(\sum_{j=1}^{h+1} W_{kj}x'_j) \end{array} \right\} \quad (2-62)$$

式中：$f$ 为隐层激励函数。

(4)计算各层的误差，并计算 $x^q_j$、$x'^q_j$ 的值，即

$$\left. \begin{array}{l} \delta^q_{kj} = (y^q_k - y^q_k)y^q_{kj}(1 - y^q_k) \\ \delta^q_{ji} = \sum_{k=1}^{m} \delta^q_{kj}x'^q_j(1 - x'^q_j)W_{kj} \end{array} \right\} \quad (2-63)$$

(5)统计所学习过的样本次数 $q$，检查 $p$ 个样本是否输入完毕。若没有按照 Step2 神经网络继续完成输入；若输入完成，进行步骤(6)；

(6)修正各层权值和阈值，则有

$$\left. \begin{array}{l} W_{kj}(t+1) = W_{kj}(t) + \eta \sum_{q=1}^{p} \delta^q_{kj}x'^q_j \\ W_{ji}(t+1) = W_{ji}(t) + \eta \sum_{q=1}^{p} \delta^q_{ji}x'^q_i \end{array} \right\} \quad (2-64)$$

式中：$\eta$ 表示学习效率；

(7)根据修正后的阈值和权值计算 $x'_j$、$y_k$ 和 $E_q$，若所有的样本 $q$ 均满足：

$$E_q = \frac{1}{2}\sum_{k=1}^{m}(t^q_k - y^q_k)^2 \leqslant a \quad (2-65)$$

则学习停止，其中 $a$ 为大于零指定值，若不满足以上条件，则回到(2)，重复以上过程直到满足条件为止。

# 2.4 基于振动时频图像处理的内燃机故障诊断的一般流程和方法

基于振动时频图像处理的内燃机故障诊断方法主要包括 4 个步骤：①对内燃机振动信号进行采集；②生成能够反映内燃机不同工作状态的时频图像；③准

确提取内燃机振动时频图像特征;④构造分类器对时频图像进行分类识别。其
具体流程如图 2-6 所示,②③④是整个流程的核心,图 2-6 的右侧是完成 3 个
核心步骤潜在的方法。在用时频图像方法对内燃机进行故障诊断时,可以针对
不同故障特征,从每个步骤的潜在方法中选择适合的方法,各个步骤的方法可以
相互组合,完成内燃机故障诊断。

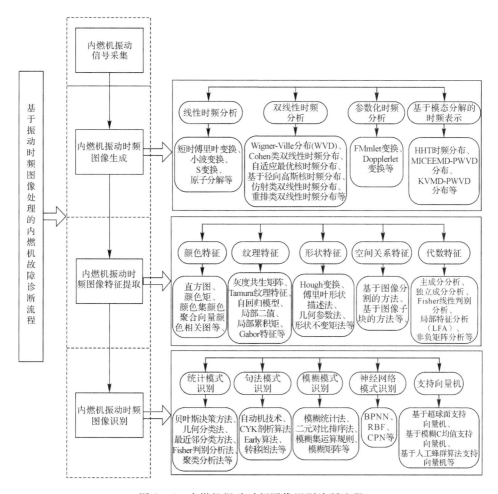

图 2-6　内燃机振动时频图像识别诊断流程

# 2.5　本章小结

本章主要对内燃机振动时频图像识别诊断理论体系进行介绍,包括:①目前常用的时频图像生成方法和时频图像与故障之间的映射关系;②常用的时频图像特征提取方法;③常用的振动时频图像识别方法;④内燃机振动时频图像识别诊断的一般流程和方法。

# 第 3 章　内燃机振动时频图像生成

通过第 1 章内容可知,内燃机振动信号是典型的非平稳、非线性信号,因此选择的振动时频图像生成方法要能够揭示内燃机非平稳信号的频率成分及其时变特征,并且由此生成的振动时频图像应包含丰富的内燃机工作状态特征信息。本章首先分析 2.1 节介绍的常用时频图像生成方法的不足,然后针对 WVD 交叉项与时频聚集性相互制约的问题,提出 MICEEMD - PWVD 和 KVMD - PWVD 两种时频图像生成方法,并将其应用于内燃机故障诊断中。

## 3.1　现有时频图像生成方法的不足

第 2 章对常用的时频图像生成方法进行了简单介绍,从中可以知道:对于线性振动时频图像生成方法,短时傅里叶变换的特性完全取决于窗函数的选择,在整个计算过程中,STFT 的窗函数的种类和长度固定不变,缺乏自适应性,因此 STFT 在任何频段的时、频分辨率均不可调,而且时频聚集性较低;小波变换是通过小波基的平移和伸缩从而实现多分辨率分析,WT 的时频网格为大小不同而面积确定不变的矩形,同一尺度下频宽不可调,受 Heisenberg 测不准原理限制,WT 不能同时达到时、频分辨率最优,而且对信号进行小波变换时,需要选用恰当的小波函数,当使用的小波基函数与分析信号的波形特点相近时,才能得到最佳的分析结果,否则会使时频分辨率达不到理想的效果。

对于双线性时频分析方法,其大多数是基于维格纳分布产生的,维格纳分布是瞬时相关函数的傅里叶变换,因为不加窗,所以它避免了时频分辨率的互相制约,具有非常好的时频聚集性,当用这种方法对振动信号进行分析时,得到结果的边缘特性、局域化和瞬时频率都有很好的表达。但是对于多分量信号,它会产生严重的交叉干扰项,很难将多分量信号表示清楚,成为其应用时的瓶颈,所以在时频域内对具有复杂时频特征的信号往往难以解释。为了抑制 WVD 中的交叉干扰项,在模糊域设计核函数来抑制交叉项,其统一形式被定义为 Cohen 类时频分析,其中核函数的种类决定了抑制交叉干扰项的能力,但核函数的引入在一定程度上影响了自项的识别,另外,由于核函数固定,无法实现与信号局部的差异性匹配,因此,对于多分量信号,Cohen 类时频分析的交叉项问题与分辨率问题,始终是矛盾、对立的[103]。针对 WVD 交叉项与时频聚集性相互制约的问题,本书提出 MICEEMD – PWVD 和 KVMD – PWVD 两种时频图像生成方法,并将其应用于内燃机故障诊断中。

# 3.2 基于互信息的 CEEMD – PWVD 时频图像生成方法

## 3.2.1 集总经验模态分解

EMD 是由 N. E. Huang 等人于 1998 年提出的一种非线性、非平稳信号的分析处理方法。虽然 EMD 方法具有很多优点,但其分解较不稳定,有模态混叠现象的存在,导致某一个本征模态函数分量中包含不同尺度的信号,或者相似的尺度信号存在于不同的 IMF 分量中。针对以上问题,文献[104]提出了集总经验模态分解(Ensemble Empirical Mode Decomposition,EEMD)方法,该方法首先向原信号添加白噪声,然后对 EMD 分解后得到的各 IMF 分量进行集总平均。EEMD 方法在一定程度上规避了 EMD 的模态混叠问题,提高了 EMD 算法的稳定性,但是它不能保证所得到的每个 IMF 分量都满足 IMF 分量的条件,信号添加的白噪声也会在每一个 IMF 中残留,而且 EEMD 的集总平均的次数一般为几百次,非常耗时。

为了解决以上问题,文献[105]提出了一种互补的集总经验模态分解方法(Complementary Ensemble Empirical Mode Decomposition,CEEMD),CEEMD 方法主要是通过在原始信号中添加两对相反的白噪声信号,分别进行 EMD 分解,并将分解的结果进行组合,得到最终的 IMF。

CEEMD 的步骤如下:

(1)向原始信号中加入 $n$ 组正、负成对的辅助白噪声,从而生成两套集合 IMF:

$$\begin{bmatrix} M_1 \\ M_2 \end{bmatrix} = \begin{bmatrix} 1 & 1 \\ 1 & -1 \end{bmatrix} \begin{bmatrix} S \\ N \end{bmatrix} \tag{3-1}$$

式中:$S$ 为原信号;$N$ 为辅助噪声;$M_1$,$M_2$ 分别为加入正负成对噪声后的信号。

这样得到集合信号的个数为 $2n$。

（2）对集合中的每一个信号进行 EMD 分解，每个信号得到一组 IMF 分量，其中第 $i$ 个信号的第 $j$ 个 IMF 分量表示为 $c_{ij}$。

（3）通过多组分量组合的方式得到分解结果：

$$c_j = \frac{1}{2n} \sum_{i=1}^{2n} c_{ij} \qquad (3-2)$$

式中：$c_j$ 为经 CEEMD 分解最终得到的第 $j$ 个 IMF 分量，一般 $j = \log_2 N - 1$，其中 $N$ 是原始信号离散化以后的长度[106]。

## 3.2.2　互信息

经 CEEMD 分解得到的 IMF 个数一般多于实际 IMF 的个数，为了确定哪一个分量是伪分量，本书采用文献[107]提出的基于互信息的方法，去除 IMF 的伪分量。

互信息（Mutual Information，MI）是信息论创始人 Shannon 提出的，它由熵的概念引申而来。$X$ 和 $Y$ 的互信息定义如下[108]：

$$I(X|Y) = -\sum_{i,j} P(x_i, y_j) \log \frac{P(x_i, y_j)}{P(x_i)P(y_i)} \qquad (3-3)$$

式中：$P(x_i, y_j)$ 为 $x_i$ 与 $y_i$ 的联合概率。引入 $X$ 和 $Y$ 的联合信息熵 $H(X,Y) = -\sum_{i,j} P(x_i, y_j) \log P(x_i, y_j)$，互信息 $I(X|Y) = H(X) + H(Y) - H(X,Y)$，$I(X|Y)$ 表示已知 $Y$ 的取值后提供的有关 $X$ 的信息。

假设原信号 $S$ 是由 $n$ 个本征模态分量组成的，即 $S = \sum_{i=1}^{n} C_i$，经过 CEEMD 分解后，理论上会分解出 $n$ 个本征模态分量 $C_i$，分别对应原信号中 $n$ 个本征模态分量。由于分解过程中存在误差，以及 CEEMD 算法本身的特点，会分解出 $n$ 个本征模态分量 $\hat{C}_i$ 和 $m$ 个虚假分量 $x_k$，而且 $\hat{C}_i$ 和 $C_i$ 并不完全相同，$m$ 个伪分量 $x_k$ 就是两者的差值造成的，即

$$S = \sum_{i=1}^{n} \hat{C}_i + \sum_{k=1}^{m} x_k \qquad (3-4)$$

首先计算 CEEMD 分解后的本征模态分量 $C_i$ 与原信号 $S$ 的互信息 $MI_i$，归一化处理 $MI_i$，令

$$\lambda_i = \frac{\text{MI}_i}{\max(\text{MI}_i)} \tag{3-5}$$

式中：$\lambda_i$ 为归一化的互信息值，$0 \leqslant \lambda_i \leqslant 1$。

由互信息定义可知，虚假分量 $x_k$ 与原信号 $S$ 的互信息一定远小于真实分量 $\hat{C}_i$ 与原信号 $S$ 的互信息，利用以上特点，将原信号与分解后各分量的互信息值 $\lambda_i$ 作为评定各本征模态分量可靠性的指标。当 $\lambda_i$ 很小时，即可认定该分量为虚假分量。设置虚假分量判断阈值 $\delta$，如果 IMF 分量与原信号的互信息值 $\lambda_i > \delta$，则认为该分量为真实分量，如果 $\lambda_i < \delta$ 为虚假分量，则予以剔除。定义虚假分量判断阈值 $\delta$ 为

$$\delta = 0.5 \times \text{mean}(\text{MI}_1, \text{MI}_2, \cdots, \text{MI}_n) \tag{3-6}$$

### 3.2.3  MICEEMD - PWVD 算法

基于互信息的 CEEMD - PWVD 时频分析（MICEEMD - PWVD 时频分析）流程如图 3 - 1 所示，其计算步骤如下：

（1）利用 CEEMD 分解方法对信号 $s(t)$ 进行分解，得到有限个 IMF。

$$s(t) = \sum_{i=1}^{n} c_i + r_n \tag{3-7}$$

（2）计算各本征模态分量 $\hat{C}_i$ 与原信号 $s(t)$ 的归一化互信息量 $\lambda_i$ 和虚假分量判断阈值 $\delta$，并依据 $\lambda_i$ 与 $\delta$ 的大小关系，鉴别并剔除 $\lambda_i \leqslant \delta$ 的伪分量。

（3）对真实本征模态分量 $\hat{C}_i$ 分别进行 Hlibert 变换后计算各分量的 PWVD，并将结果进行线性叠加，即为信号 $s(t)$ 的 MICEEMD - PWVD 分布。信号 $s(t)$ 的 MICEEMD - PWVD 时频分布定义为

$$\text{MICEEMD - PWVD}_{s(t)}(t, f) = \sum_{i=1}^{N} \frac{\int_{-\infty}^{\infty} f\text{PWVD}_{\hat{C}_i}(t, f)\mathrm{d}f}{\text{PWVD}_{\hat{C}_i}(t, f)\mathrm{d}f} \tag{3-8}$$

为评估该方法的性能，结合内燃机振动信号的特点，建立一个多分量间歇冲击仿真信号，该仿真信号 $x(t)$ 是由两个不同幅度、频率和相位的正弦信号及一个间歇振荡信号 $v(t)$ 组成的，采样频率为 200 Hz。间歇振荡信号模拟内燃机各气门开启或落座的冲击振动，解析表达式为

$$x(t) = \sin\left(20\pi t + \frac{\pi}{2}\right) + 0.8\sin\left(2\pi t - \frac{\pi}{4}\right) + v(t) \tag{3-9}$$

该仿真信号及 3 个分量如图 3 - 2 所示。

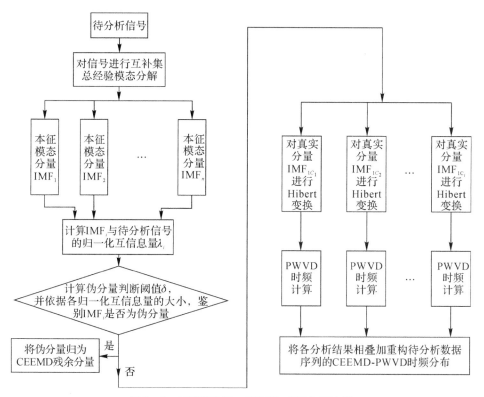

图 3-1　MICEEMD-PWVD 时频分析流程

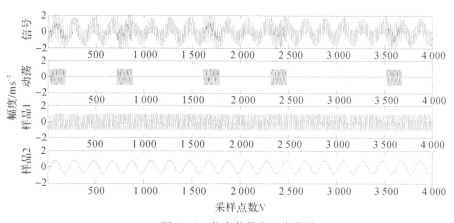

图 3-2　仿真信号和 3 个分量

对信号 $x(t)$ 进行 EMD 分解,用互信息方法去除伪分量后的结果如图 3-3 所示。由图 3-3 可以看出,由于间歇振荡信号 $v(t)$ 的存在,本来应该是第一个正弦分量的 $IMF_1$ 发生了畸变,即它的很多部分被 $v(t)$ 中的振荡部分所取代,而被取代的正弦分量被移到了 $IMF_2$ 分量中，在对应的位置，本应是 $IMF_2$ 的成分被移到了 $IMF_3$，从而在这 3 个 IMF 分量中都出现了模式混叠，上述结果说明 EMD 对间歇振荡信号处理的不足。

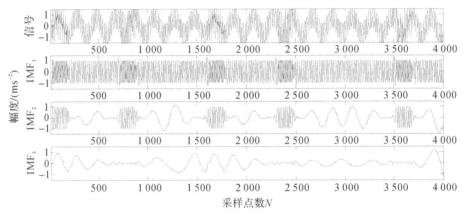

图 3-3　仿真信号 EMD 分解结果

对信号 $x(t)$ 进行 MICEEMD 分解，所得的结果如图 3-4 所示，该结果清楚地表明，MICEEMD 分解确实解决了 EMD 中的模态混叠问题，较好地分解出 $x(t)$ 的 3 个成分。

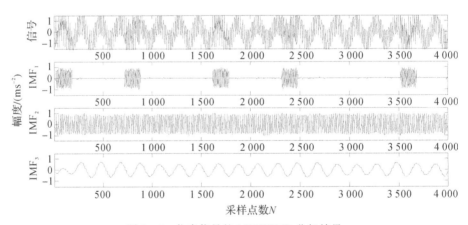

图 3-4　仿真信号的 MICEEMD 分解结果

图 3-5～图 3-8 是分别用 WVD，PWVD，MICEEMD-WVD 和 MICEEMD-PWVD 4 种方法对式(3-9)的仿真信号进行分析生成的时频图像。从图中可以看出：WVD 方法具有最好的时频聚集性，但是在 5 Hz，12.5 Hz 和 17.5 Hz 处产生了频域交叉干扰项，并且对 25 Hz 的间歇振动信号产生了时域交叉干扰项，

难以区分信号的真实频率成分;PWVD 方法抑制了 25 Hz 处的间歇振动信号产生的时域交叉干扰项,但是无法抑制 5 Hz,12.5 Hz 和 17.5 Hz 处的频域交叉干扰项;MICEEMD－WVD 方法生成的时频图像有效抑制了频域的交叉干扰项,并且有较高的时频聚集性,但是无法抑制间歇信号的时域交叉干扰项[见图3－7 中坐标(500,25)和(2100,25)];MICEEMD－PWVD 方法有效抑制了频域和时域的交叉干扰项,而且具有很高的时频聚集性。内燃机振动信号受间歇振动信号的影响,而经验模态分解方法认为相同频率的间歇振动信号是同一分量信号,用 WVD 方法进行分析时,不能消除时间域的交叉干扰项,因此,本书引入PWVD 方法,与经验模态分解方法和变分模态分解方法相结合,既有效抑制了交叉干扰项的影响,又保持了较高的时频聚集性。

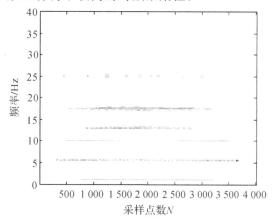

图 3－5　仿真信号 WVD 时频图像

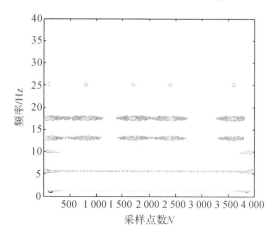

图 3－6　仿真信号 PWVD 时频图像

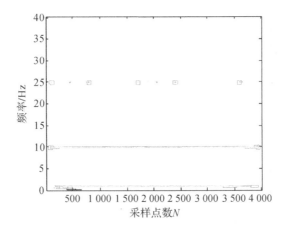

图 3 - 7  仿真信号 MICEEMD - WVD 时频图像

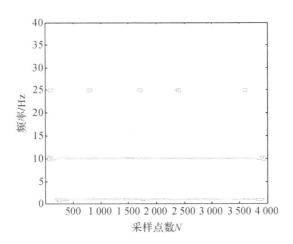

图 3 - 8  仿真信号 MICEEMD - PWVD 时频图像

# 3.3  基于 KVMD - PWVD 时频图像生成方法

## 3.3.1  变分模态分解

变分模态分解（Variational Mode Decomposition，VMD）是 Dragomiretskiy 等人于 2014 年提出的一种新的自适应信号处理方法。VMD 分解方法通过迭代搜寻变分模型的最优解来确定每个本征模态分量（IMF）的频率中心及其带宽，它是一种完全非递归的信号分解方法，实现了信号频域和各个分量的自适应剖分。

信号经过变分模态分解，成了一系列 IMF，其中每个 IMF 都可以表示为一个调幅-调频 $u_k(t)$ 信号，表达式为

$$u_k(t) = A_k(t)\cos[\varphi_k(t)] \tag{3-10}$$

式中：$A_k(t)$ 为 $u_k(t)$ 的瞬时幅值，且 $A_k(t) \geqslant 0$。$\omega_k(t)$ 为 $u_k(t)$ 的瞬时频率，$\omega_k(t) = \varphi'_k(t)$，$\omega_k(t) \geqslant 0$。$A_k(t)$ 和 $\omega_k(t)$ 相对于相位 $\varphi_k(t)$ 来说变化是缓慢的。在 $[t-\delta, t+\delta][\delta \approx 2\pi/\varphi'_k(t)]$ 的时间范围内，$u_k(t)$ 可以看作幅值为 $A_k(t)$、频率为 $\omega_k(t)$ 的谐波信号。

假设信号被 VMD 分解为 $K$ 个 IMF 分量，则可得到变分约束模型：

$$\min_{\{u_k\},\{\omega_k\}} \left\{ \sum_k \left\| \partial_t \left[ \left(\delta(t) + \frac{j}{\pi t}\right) * u_k(t) \right] e^{-j\omega_k t} \right\|_2^2 \right\} \\ \text{s.t.} \sum_k u_k = f \tag{3-11}$$

式中：$\delta(t)$ 为 Dirac 分布；$*$ 表示卷积；$\{u_k\}$ 代表信号经 VMD 分解后得到的 $K$ 个 IMF 分量，$\{u_k\} = \{u_1, \cdots, u_K\}$；$\{\omega_k\}$ 为各个 IMF 分量的频率中心，$\{\omega_k\} = \{\omega_1, \cdots, \omega_K\}$。

为求取变分约束模型的最优解，引入二次罚函数项和拉格朗日乘子可得

$$L(\{u_k\}, \{\omega_k\}, \lambda) =$$

$$\alpha \sum_k \left\| \partial_t \left[ \left(\delta(t) + \frac{j}{\pi t}\right) * u_k(t) \right] e^{-j\omega_k t} \right\|_2^2 + \left\| f(t) - \sum_k u_k(t) \right\|_2^2 +$$

$$\langle \lambda(t), f(t) - \sum_k u_k(t) \rangle$$

$$\tag{3-12}$$

式中：$\alpha$ 为惩罚参数；$\lambda$ 为 Lagrange 乘子。

VMD 方法中采用乘法算子交替的方法来求取上述变分约束模型，得到最优解，将信号分解为 $K$ 个窄带 IMF 分量。其实现流程如下：

（1）初始化 $\{u_k^1\}$、$\{\omega_k^1\}$、$\lambda^1$ 和 $n$ 值，使其为 0；

（2）$n = n+1$，执行整个循环；

（3）$k = 0$，$k = k+1$，当 $k < K$ 时执行内层第 1 个循环，根据下式更新 $u_k$：

$$u_k^{n+1} = \arg_{u_k} \min L(\{u_{i<k}^{n+1}\}, u_{i \geqslant k}^n, \{\omega_i^n\}, \lambda^n) \tag{3-13}$$

（4）$k = 0$，$k = k+1$，当 $k < K$ 时执行内层第 2 个循环，根据下式更新 $\omega_k$：

$$\omega_k^{n+1} = \arg_{\omega k} \min L(\{u_i^{n+1}\}, \omega_{i<k}^{n+1}, \{\omega_{i\geqslant k}^n\}, \lambda^n) \qquad (3-14)$$

(5)根据下式更新 $\lambda$ :

$$\lambda^{n+1} = \lambda^n + \tau(f - \sum_k u_k^{n+1}) \qquad (3-15)$$

(6)重复步骤(2)～(5),直至 $\sum_k \parallel u_k^{n+1} - u_k^n \parallel_2^2 / \parallel u_k^n \parallel_2^2 < \varepsilon$ ,结束循环,输出得到的 $K$ 个 IMF 分量。

## 3.3.2 改进变分模态分解(KVMD)

在进行变分模态分解时需要依靠经验预设分解层数 $K$ ,这对 VMD 的自适应性造成了很大影响。信号 VMD 分解后得到 $K$ 个 IMF,每个 IMF 都存在着一个频率中心 $\omega_k(t)$ 。 $K$ 值与 $\omega_k(t)$ 有着密切的关系, $K$ 值选取得恰当与否,直接决定了分解结果的好坏。 $K$ 值选取过小,对信号的分解不彻底, $K$ 值选取过大,会出现过分解现象。现在大多采用观察中心频率的方法来确定 $K$ ,即先计算出多个不同 $K$ 值下的中心频率,如果出现中心频率过于相近的情况,则认为出现了过分解。本书对 VMD 的分解层数 $K$ 进行了优化,在同一 $K$ 值下,将相邻中心频率的比值与阈值 $\theta$ 相比较,来最终确定 $K$ 值的筛选方法 KVMD,经大量试验可知阈值 $\theta$ 取值为 1.1。

KVMD 算法的主要步骤为:

(1)初始化 $K$ 值(内燃机频带较宽,取 $K=3$ )。

(2)对信号进行 VMD 分解,得到 $K$ 个 IMF 分量和每个 IMF 分量的频率中心 $\omega_k(t)$ 。

(3)用前一个 $IMF_{k-1}$ 分量的中心频率 $\omega_{k-1}(t)$ 比后一个 $IMF_k$ 分量的中心频率 $\omega_k(t)$ ,得到一组频率比值 $\lambda_1, \lambda_2, \ldots, \lambda_{K-1}(\lambda_k = w_{k-1}/w_k)$ 。

(4)设定阈值 $\theta = 1.1$ 。当 $\lambda_k > \theta$ 时,认为 VMD 分解不彻底,令 $K = K+1$ ,重复步骤(2)(3)。

(5)当 $\lambda_k \leqslant \theta$ 时可判定为 $IMF_{k-1}$ 和 $IMF_k$ 频率混叠,VMD 出现了过分解,因此得出结果 $K = K-1$ ,并输出其分解结果。

## 3.3.3 KVMD - PWVD 算法

信号 $x(t)$ 的 KVMD - PWVD 时频分布定义为

$$KVMD - PWVD_x(t,f) = \sum_{i=1}^{n} \frac{\int_{-\infty}^{\infty} f PWVD_{c_i}(s;t,f) \mathrm{d}f}{PWVD_{c_i}(s;t,f) \mathrm{d}f} \qquad (3-16)$$

KVMD – PWVD 时频分布算法的主要步骤为：

（1）首先对待分析信号进行 KVMD 分解，生成一组本征模态分量 $IMF_1$，$IMF_2$，…，$IMF_K$。

（2）对各个本征模态分量 IMF 先进行 Hlibert 变换，然后进行 PWVD 分析（本书窗函数类型及大小均采用默认值）。

（3）对分析结果进行线性叠加得到 KVMD – PWVD 时频分布结果。

KVMD – PWVD 时频分布流程如图 3 – 9 所示。

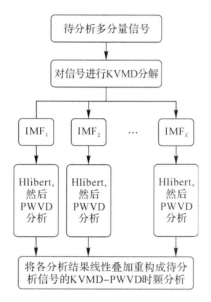

图 3 – 9　KVMD – PWVD 时频分布流程

对式（3 – 9）仿真信号进行分析，经 KVMD 分解时，$K$ 取不同值时的中心频率见表 3 – 1。

表 3 – 1　$K$ 取不同值时的中心频率

| $K$ 的取值 | 中心频率 | | | |
| --- | --- | --- | --- | --- |
| 2 | 1.002 1 | 10.017 2 | —— | —— |
| 3 | 0.995 0 | 9.998 3 | 24.987 5 | —— |
| 4 | 0.994 9 | 9.998 0 | 24.582 9 | 25.415 6 |

由表 3-1 中 $K=4$ 时的中心频率可知，25.415 6/24.582 9 = 1.033 9＜
1.1，所以取 $K=3$，得到的各 IMF 如图 3-10 所示。该结果清楚地表明，
KVMD 方法可以确定 VMD 分解时模态的个数，所分解出的 3 个 IMF 分量正是
$x(t)$ 的 3 个成分。

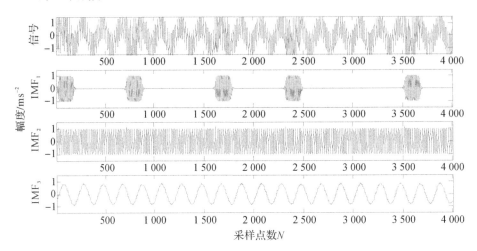

图 3-10　仿真信号的 KVMD 分解结果

用 KVMD-PWVD 方法对式(3-9)仿真信号进行分析得到的时频图像如
图 3-11 所示，可知 KVMD-PWVD 方法能有效抑制频域和时域的交叉干扰
项，而且具有很高的时频聚集性。

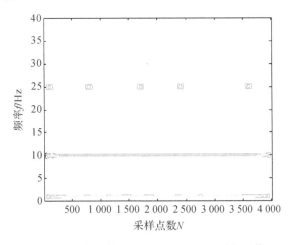

图 3-11　仿真信号 KVMD-PWVD 时频图像

# 3.4　仿　真　分　析

为验证 MICEEMD - PWVD 和 KVMD - PWVD 两种方法的时频聚集性，本节构造仿真信号，进行对比分析。内燃机运动部分既有旋转运动引起的振动，又有往复运动产生的振动，还有燃烧时冲击造成的振动，激励源众多，在传至内燃机缸盖测点时，可能经过多个零部件的调制。因此，为充分体现内燃机振动信号的特点，同时有效验证时频图像生成方法的时频聚集性，本书引用文献[109]中建立的内燃机的仿真信号，该信号是多分量、非平稳和调幅、调频信号，见下式，信号的采样频率为 1 024 Hz，信号长度为 1 024，仿真信号的时域图和功率谱图如图 3 - 12 所示。

$$
\left.
\begin{aligned}
a &= \mathrm{e}^{-8(t-0.5)^2} \\
s_1 &= a\sin\left[2\pi(250t + 80t^3)\right] \\
s_2 &= a\sin\left[2\pi(150t + 50t^2)\right] \\
s_3 &= a\sin\left[2\pi(100t + \cos 5\pi t)\right] \\
x &= s_1 + s_2 + s_3 \\
x_1(t) &= \sin\left[2\pi(300t + 150t)t\right] + \sin\left[2\pi(300t + 50t)t\right]
\end{aligned}
\right\}
\tag{3-17}
$$

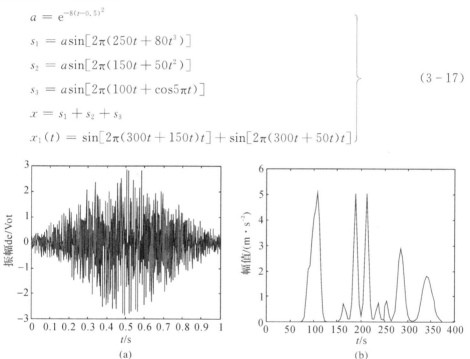

图 3 - 12　仿真信号的时域图和功率谱图

图 3 - 13 给出了式（3 - 17）仿真信号 $x(t)$ 的 STFT，WVD，PWVD，SPWVD，MICEEMD - WVD，MICEEMD - PWVD，KVMD - WVD 和 KVMD -

PWVD 时频图像。由图 3-13 可以看出:8 种方法生成的时频图像均能够揭示 $x(t)$ 中随时间变化的 3 个调频-调幅信号的频率分量特征信息,但是 STFT 的时频聚集性最低;WVD 方法具有最高的时频聚集性,但是存在严重的交叉干扰项,影响 3 个分量信号的判读;PWVD 的时频图像较 WVD 的时频图像较清晰地表征了仿真信号的调频现象,交叉干扰项有了明显的抑制,这是由于 PWVD 是对 WVD 的时域加窗,消除了时域内重叠信号的交叉干扰,但是依然存在频域内的干扰;SPWVD 时频图像与 WVD 和 PWVD 时频图像相比完全抑制了交叉干扰项,将 3 个分量信号清晰地表征出来,这是因为 SPWVD 在 PWVD 的基础上增加了频域滤波,可以抑制不同频率的信号分量在时域上重合产生的交叉干扰项,所以 SPWVD 有效抑制了 WVD 时域和频域上的交叉干扰项。SPWVD,WVD 和 PWVD 三种时频图像相比,WVD 时频聚集性最优,PWVD 次之,SPWVD 最弱,窗函数固定,无法实现与信号局部的差异性匹配,致使时频分析的交叉项问题与分辨率问题不可能同时达到最优,而 SPWVD 是在 PWVD 基础上对频域加窗的,所以 SPWVD 的时频聚集性最弱。从图 3-13($f$)和图 3-13(i)可以看出,本书提出的 MICEEMD-PWVD 和 KVMD-PWVD 两种方法,能清晰地表征仿真信号的调频调幅现象,既有效抑制了 WVD 的交叉干扰项,又保证了 WVD 的时频聚集性,有效规避了 WVD,PWVD 和 SPWVD 的缺陷,是一种有效的时频图像生成方法,它利用经验模态分解方法和变分模态分解方法,先将多分量信号分解成单分量信号,然后对每个单分量信号进行 PWVD 分析,最后将多个单分量信号的 PWVD 分析结果叠加,在去除交叉干扰项的同时,保留了 PWVD 分布的良好的时频聚集性,MICEEMD-WVD 和 KVMD-WVD 方法得到的时频图像,虽然消除了单分量信号频域方面的交叉项,但是依然存在时域上的交叉干扰项,是因为用 EMD 和 VMD 方法对多分量信号进行分解时,只是将频率相差很大的信号分解为多个单分量信号,而对于不同时间出现的频率相近的信号,认为是同一模态下的信号,用 WVD 对其进行时频分析时,依然会出现时域上的交叉干扰项,所以本书采用 PWVD 对单分量信号进行时频分析,既能消除时域的交叉干扰项,又能保持较好的时频聚集性。

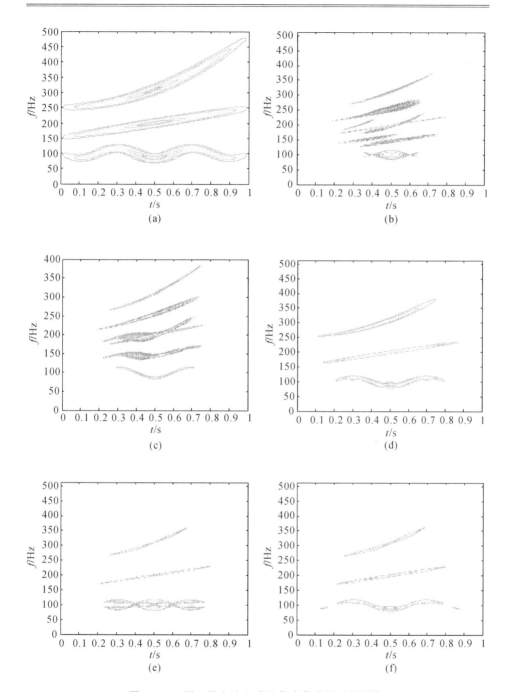

图 3 - 13　用 8 种方法生成的仿真信号的时频图像

(a)STFT；(b)WVD；(c)PWVD；(d)SPWVD；(e)MICEEMD-WVD；(f)MICEEMD-PWVD

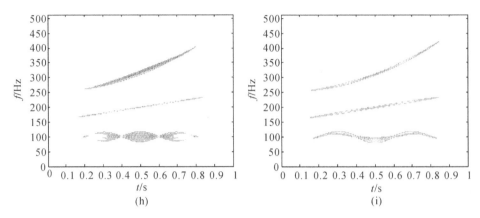

续图 3-13　用 8 种方法生成的仿真信号的时频图像

(h)KVMD-WVD;(i)KVMD-PWVD

# 3.5　实　例　分　析

## 3.5.1　内燃机振动信号的采集

1.内燃机振动信号采集系统的建立

本书的实验是在上海柴油机厂生产的 6135G 型内燃机上进行的,利用北京东方振动和噪声技术研究所的智能数据采集仪器(型号:DASP V10),并辅以适当的测试用传感器。图 3-14 为数据采集系统示意图。

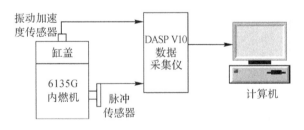

图 3-14　数据采集系统示意图

缸盖表面的振动信号经过振动加速度传感器,经数据采集仪处理后存贮在计算机中。电磁脉冲传感器安装在与喷油泵传动轴平行的位置上(见图 3-15、

图 3-16)，用于记录内燃机第 2 缸压缩上止点信号。根据配油和配气的正时关系，喷油泵传动轴的转动周期等于内燃机的一个工作循环周期，也等于曲轴的两个转动周期，内燃机每经过一个工作循环，电磁脉冲传感器就会产生一个脉冲，通过仔细调整，可以得到比较准确的气缸上止点信号。将脉冲信号作为数据采集的上止点标志信号，就可以保证所采集的振动信号具有相同的初始相位。振动加速度传感器底座粘贴在内燃机缸盖表面进气门和排气门之间的地方，如图 3-17 所示。在实验中，测量的振动信号是垂直于内燃机缸盖表面方向的振动信号，即缸盖竖直方向的振动信号。

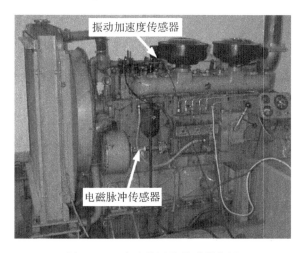

图 3-15　实验装置及传感器位置

图 3-16　电磁脉冲传感器的安装位置

图 3 - 17　振动加速度传感器的安装位置

**2.内燃机缸盖振动信号采集**

由于实际运行中的内燃机故障数据比较难以收集,出于实验研究的需要,本书在 6135G 内燃机第 2 缸上模拟了 7 种气门间隙的常见故障,再加上正常状态,总共测得气门机构 8 种状态下的缸盖振动信号。测量时内燃机状态为空载,转速为 1 500 r·min⁻¹,采样频率为 25 kHz。8 种气门状态对应的气门间隙等参数见表 3 - 2。

<table>
<tr><td colspan="9">表 3 - 2　内燃机气门 8 种状态的参数设置　　　　　单位:mm</td></tr>
<tr><td>工况编号</td><td>1</td><td>2</td><td>3</td><td>4</td><td>5</td><td>6</td><td>7</td><td>8</td></tr>
<tr><td>进气门间隙</td><td>0.30</td><td>0.30</td><td>0.30</td><td>0.30</td><td>0.30</td><td>0.06</td><td>0.06</td><td>0.50</td></tr>
<tr><td>排气门间隙</td><td>0.30</td><td>0.06</td><td>0.50</td><td>开口<br>4×1<br>(0.3)</td><td>新气门<br>(0.30)</td><td>0.06</td><td>0.50</td><td>0.50</td></tr>
</table>

实验中模拟了 6135G 内燃机配气机构常见的几类典型故障,分别为气门间隙过小、过大,气门严重磨损和漏气等,具体 8 种实验状态见表 3 - 2。表 3 - 2 中,气门正常间隙为 0.30 mm,气门间隙过小和过大时分别为 0.06 mm 和 0.50 mm;"开口"表示气门间隙正常时,在气门上开了一个 4mm×1mm 的孔,模拟气门严重漏气;"新气门"表示气门间隙正常但未研磨的气门,模拟气门轻微漏气故障。每一组测量数据均记录了第 2 缸压缩上止点前后曲轴转角 360° 范围内的振动信号,即记录了内燃机一个工作循环的缸盖振动加速度信号。

为准确描述每个工作循环中各冲击分量代表的具体物理意义,现将进排气门开闭与曲轴转角的关系一一对应,如图 3-18 所示。对于 6135G 内燃机来说,进气门的开启角度位于排气上止点前 20°附近,关闭的角度位于进气下止点后 48°附近;排气门的开启角度位于做功下止点前 48°附近,关闭的角度位于排气上止点后 20°附近;内燃机在 0°点火。

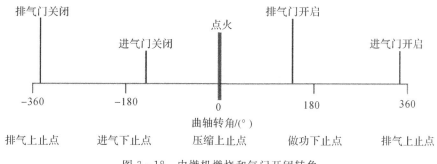

图 3-18 内燃机燃烧和气门开闭转角

按照上述工作循环中进排气门开闭与曲轴转角的对应关系对所采集的信号一一进行截取,将截取的一个工作循环周期的缸盖表面振动信号与气门开闭转角一一对应,结果如图 3-19 所示。图中内燃机气缸内混合气体燃烧做功冲击和气门开闭时的冲击,与缸盖振动信号相应位置的振动响应一一对应。

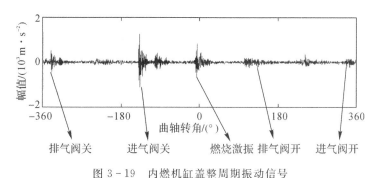

图 3-19 内燃机缸盖整周期振动信号

## 3.5.2 内燃机故障诊断实例

时频图像的结果有多种表示方法,如空间网格图、空间网面图、三维瀑布图、等高线图等。其中,空间网格图、空间网面图和三维瀑布图最直观,立体感最强,但是不利于计算机对生成的时频图像自动进行识别。等高线图相当于三维瀑布图在时频面上的投影,根据颜色标尺的不同又分为彩色等高线图和灰度等高线图,为了实现计算机对时频分析结果的自动识别,本书后序章节采用灰度等高线图来对内燃机进行故障诊断,为了清晰、形象地说明各种时频分析方法生成图像的优劣性,本章使用彩色等高线图来进行对比分析。

分别用 MICEEMD - PWVD 和 KVMD - PWVD 方法对内燃机的 8 种工作状态进行分析,得到的时频图像如图 3 - 20 和图 3 - 21 所示,均为 8 种气门状态下比较典型的内燃机振动信号时频分析结果。每幅图的左侧是信号的功率谱图,右上为时域图,时域图下方是等高线时频图像,右下角是等高线的颜色标尺,不同深浅的颜色代表不同的幅值。

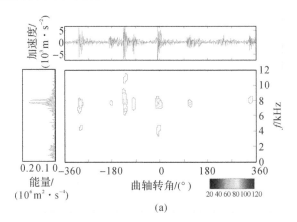

(a)

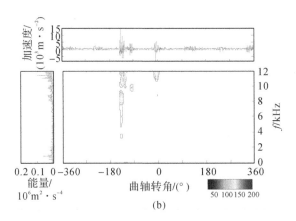

(b)

图 3 - 20　内燃机缸盖信号 MICEEMD - PWVD 时频图像

(a)工况 1;(b)工况 2

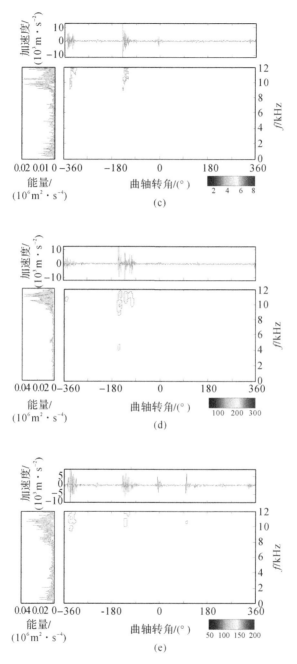

续图 3 - 20　内燃机缸盖信号 MICEEMD - PWVD 时频图像
(c) 工况 3;(d) 工况 4;(e) 工况 5

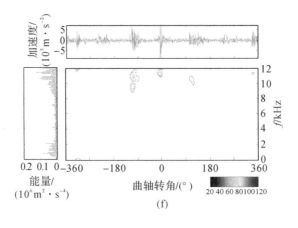

(f)

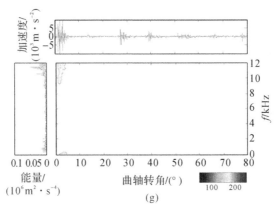

(g)

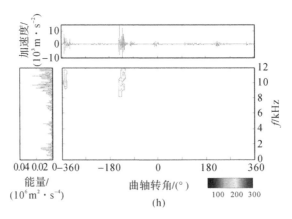

(h)

续图 3 - 20　内燃机缸盖信号 MICEEMD - PWVD 时频图像

(f)工况 6；(g)工况 7；(h)工况 8

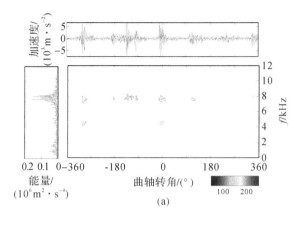

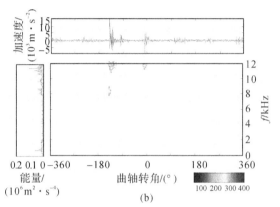

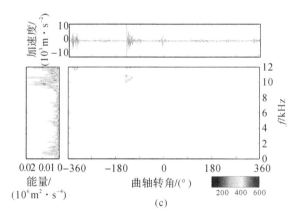

图 3 - 21　内燃机缸盖信号的 KVMD - PWVD 时频图像

(a)工况 1;(b)工况 2;(c)工况 3

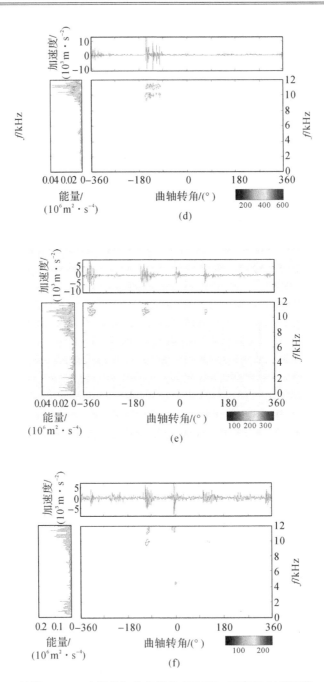

续图 3-21　内燃机缸盖信号的 KVMD-PWVD 时频图像

(d)工况 4;(e)工况 5;(f)工况 6

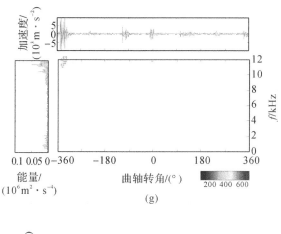

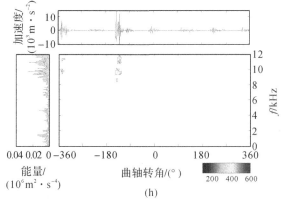

续图 3－21　内燃机缸盖信号的 KVMD－PWVD 时频图像

(g)工况 7；(h)工况 8

内燃机缸盖振动的主要原因是气体燃烧产生的爆压、气门落座以及气门开启引起的气流冲击等。根据内燃机工作原理，之所以要在气门与传动件之间留出适当的间隙，主要是因为内燃机在工作时，气门和各传动件会受热膨胀。如果间隙过小，就会引起气门密封不严，产生漏气，功率下降，油耗增加，甚至烧坏气门零件；如果间隙过大，则将使气门迟开、早关，进气（或排气）时间缩短，造成进气不足（或排气不净），影响混合气体的更新，导致内燃机的动力性与经济性下降，同时还会增加噪声。

下面根据图 3－20 中 8 种工况的 MICEEMD－PWVD 时频分析结果，探讨气门间隙对燃烧的影响。在时频图上，曲轴转角在 0°对应的频率能量幅值反映了气缸内混合气体的燃烧效率。从工况 6 可以看出，正常状态时，其对应的频率能量大,说明混合气体燃烧效率高。工况2,3,4,5,7和8对应的频率能量小,说明气体燃烧做功不充分。对于工况2,4,5,气门漏气会导致燃烧不充分。工况4的漏气最严重,所以工况4的燃烧功率最低,燃烧引起的冲击所占的频率分量也是最低的。工况3,7,8的排气门间隙过大,排气门开启大而且关闭时间比正常情况提前,影响废气的排除,最终影响燃烧状态。工况6的燃烧状态好于其他工况的状态,这表明进气门和排气门都小时的燃烧状态要好于其他的故障状态时的燃烧状态。

气门间隙故障不但影响混合气体的燃烧效率,而且影响气门落座对缸盖的冲击。对比工况2,3,6和7曲轴转角−310°处(对应排门关)频率能量可以发现,工况3和7的频率能量明显好于状态2和6的频率能量状态,可以知道工况3和7的排气门间隙大,而工况2和6的排气门间隙小。

通过对内燃机振动时频图像的分析可知,不同间隙的气门落座冲击以及混合气体的燃烧效率所占的频率分量是不同的。因此,可以利用时频图像对内燃机进行故障诊断。

图3−22为内燃机在工况1时采用不同时频分析方法得到的时频图像。5种时频图像表达的物理意义与MICEEMD−PWVD和KVMD−PWVD的时频图像一样,即横坐标为曲轴转角,纵坐标为频率,不同深浅的颜色代表不同大小的能量。各时频图像之间的差别仅仅表现在时频聚集性及交叉干扰项的抵制程度上,因此本节只列出各种时频分析方法对状态1的振动信号进行分析后得到的时频图像,其他7种状态的时频图像也和MICEEMD−PWVD和KVMD−PWVD时频图像差不多,限于篇幅,本书不一一列出。比较工况1的5种不同时频方法生成的图像:STFT的时频聚集性较低;WVD交叉干扰项严重,影响对物理意义的分析;PWVD和SPWVD方法生成的时频图像抑制了WVD的交叉干扰项,图像物理意义明确,但是时频聚集性低于本书提出的MICEEMD−PWVD和KVMD−PWVD方法,本书提出的这两种时频图像生成方法可以有效抑制WVD的交叉干扰项,又保持了较好的时频聚集性;HHT方法生成的图像杂乱无章,说明该方法不适合对内燃机振动信号进行分析。

内燃机缸盖振动信号的MICEEMD−PWVD的时频图像优于HHT时频图像的原因如下:CEEMD局部均值的数值计算方法中的插值误差、边界效应的影响和终止筛选的标准不严格等,使得经验模态分解产生过分解、出现伪本征模态分量不可避免。尤其是当信号非常复杂的时候,伪分量的个数会很多,因此在随后的时频分析中就不可避免地会带来虚假的频率成分,产生伪信息。事实上,内燃机缸盖振动信号具有局部冲击信号的特点,属于一种混有大量噪声干扰的非平稳周期信号。CEEMD 方法在对内燃机振动信号进行分解时,存在伪分量和模态混叠现象。对于伪分量,MICEEMD - PWVD 方法通过计算各分量与振动信号互信息,剔除了振动信号在 CEEMD 中的伪分量,减弱了伪分量的干扰,又由于不同的分量被 CEEMD 分离开来,分别计算 PWVD 分布,因此有利于 MICEEMD - PWVD 时频图像更好地反映内燃机振动信息。对于模态混叠,其特点是尺度不同的信号成分共存于同一阶 IMF,即频率不同的信号成分共存于同一阶 IMF。从理论上说,Hilbert 变换对信号的要求很高,如果产生模态混叠,高频微弱信号夹杂在低频信号中,最后得出的 Hilbert 时频谱很容易丢失高频信号部分。这是由于高频成分并未被分解出来,夹杂在原信号中,使得高频成分在 Hilbert 时频谱中丢失,大大影响了对原始信号成分的分析判断[见图 3 - 22(e)]。由于经验模态分解是完备的,虽然模态混叠没有正确分解出振动信号的不同模态成分,但这些未被分解出来的频率成分仍夹杂在信号中,对这些分量进行 PWVD 时频分析时,混叠在各个 IMF 中的信号仍可以出现在 PWVD 时间-频率空间中的相应位置,从而全面地展现内燃机振动信号频率信息的正确时频分布,能量的分布并没有因分解的不同而发生错误。模态混叠分量会影响 PWVD 时频分布交叉项的抑制效果,但对于整个振动信号来说,这些交叉项不足以影响整个时频图像,因此其交叉项仍得到了很好的抑制。另外,本书为克服 EMD 模态混叠问题,采用了互补集总经验模态分解方法。虽然模态混叠的产生会给最后的 Hilbert 时频谱 $t$ 造成很大的误差,但对 MICEEMD - PWVD 时频图像的影响较小,如图 3 - 20(a) 和图 3 - 22(e) 所示。

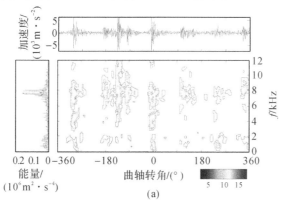

图 3.22　工况 1 的常用时频分析方法生成的时频图像

(a)STFT(窗 65)

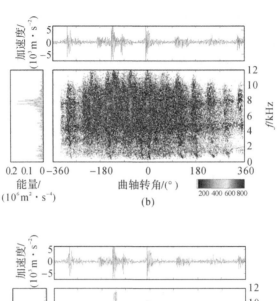

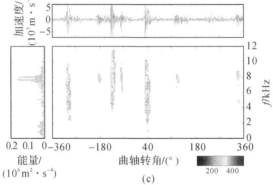

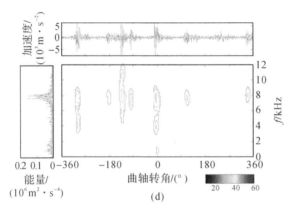

续图 3.22　工况 1 的常用时频分析方法生成的时频图像

(b)WVD；(c)PWVD；(d)SPWVD

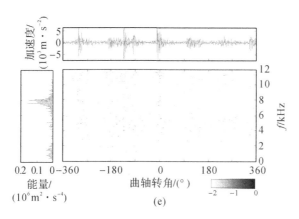

续图 3.22　工况 1 的常用时频分析方法生成的时频图像
（e）HHT

　　通过对比图 3－20 和图 3－21 可知，MICEEMD － PWVD 和 KVMD －
PWVD 方法均可以得到比较好的内燃机缸盖振动信号时频图像，但是 EMD 属
于递归模态分解，会将包络线估计误差不断传播，加之信号中含有噪声或间歇信
号，导致分解出现模态混叠[110-111]，虽然 CEEMD 方法对模态混叠现象进行了抑
制，但该方法计算效率较低，而且存在一定的端点效应问题。VMD 将信号分
解，转化非递归、变分模态分解模式，并具有坚实的理论基础，其实质是多个自适
应维纳滤波组，表现出更好的噪声鲁棒性。因此，在对内燃机缸盖进行分析时，
本书建议优先使用 KVMD － PWVD 方法。

# 3.6　本 章 小 结

　　本章针对常用时频图像生成方法中存在的问题，提出了两种基于模态分解
的时频图像生成方法，具体工作如下。
　　（1）针对传统 EMD 方法存在的模态混叠现象，以及集总经验模式分解计算
速度慢，而且不能保证所得到的每个 IMF 分量都满足 IMF 分量的条件的问题，
本书使用互补的集总经验模态分解方法，有效规避了传统 EMD 方法的模态混
叠问题，极大地提高了计算速度；同时，将互信息理论引入模态分解过程，有效解
决了模态分解中的伪分量问题。
　　（2）针对 VMD 分解过程中的层数选取问题，提出了一种中心频率筛选的
VMD 分解层数改进方法（KVMD），增强了变分模态分解方法自适应性。

（3）在上述工作的基础上，针对 WVD 分布在处理多分量信号，产生非平稳信号的自交叉项及信号分量间的互交叉项，并且现有的抑制交叉干扰项的方法会降低时频聚集性的问题，提出了 MICEEMD – PWVD 和 KVMD – PWVD 两种时频图像生成方法。利用经验模态分解方法和变分模态分解方法，先将多分量信号分解成单分量信号，然后对每个单分量信号进行 PWVD 分析，最后将多个单分量 PWVD 分析结果叠加，在去除交叉干扰项的同时，保留了良好的时频聚集性。

# 第4章 内燃机振动时频图像融合与降维

第3章主要基于振动时频图像的颜色或灰度分布特性,将内燃机不同工况下的振动信号特征表征出来,本章主要从图像的角度来分析内燃机振动时频图像的特征。

内燃机工作环境恶劣,运动部件多,同时具有往复运动和旋转运动,具有较强的非线性、非平稳时变特征,导致振动响应信号十分复杂,耦合比较严重,故障特征信息较弱,受非高斯噪声和各种不确定因素的影响。另外,内燃机振动信号具有较强的循环波动性,这些都将导致内燃机振动时频图像的特征分布带有一定的不确定性,表现为时频图像的像素灰度值不确定。因此,人们从图像融合的角度对内燃机同种工作状态的时频图像进行融合,使融合后的时频图像特征更具代表性和适用性,有利于下一步的特征参数提取。本书针对现有图像融合方法在融合时频图像中存在的问题,提出一种基于阈值的像素平均融合方法,以有效抑制循环波动性对生成的振动时频图像的影响。

振动时频图像的维数一般很高,如果直接对时频图像进行特征提取,计算量过于庞大,导致计算时间过长、计算效率降低。针对以上问题,本章选用运算速率相对较快、缩放质量较高的三次卷积插值法对振动时频图像进行降维,不但使降维后的振动时频图像保留了原图像的特征,而且大大提高了计算效率。

## 4.1 基于阈值的像素平均融合

内燃机振动时频图像融合(Image Fusion)是指将相同内燃机在某工作状态下的两张或两张以上的振动时频图像进行融合处理,得到一张能够充分表征该工作状态时频特征的图像,以便进一步分析。内燃机振动时频图像融合的目的是通过将实际目标的相关信息合并,以最大程度地降低输出的不确定度和冗余度。图像融合具有很多优点,不仅能够增加图像所包含的时间、空间信息,还可以降低不确定性和不可靠性,并能有效改进其鲁棒性。

### 4.1.1 内燃机振动时频图像融合的必要性

内燃机缸内燃烧过程是一个复杂的化学和物理过程,没有两个工作循环是完全相同的,内燃机的激振动力也并不完全相同,因此振动信号也就相差很大,即内燃机循环波动性受到影响。内燃机在相同工况下工作时,不同循环之间的振动信号总体上表现相似,但实际上在作用时间、频率成分和振动强度等方面有很大的差异,使振动信号生成的时频图像也存在很大的差别,表现在时频图像上,图像的形状、位置以及灰度值等存在差异。

内燃机工作过程的循环间波动是振动响应信号循环波动的根源。对于燃爆段来说,喷油泵供油压力的波动、各部件热力状态的变化以及振动等,都会使喷油过程出现循环波动;燃烧过程的影响因素更是多方面的,除了喷射过程和雾化质量波动这两个主要因素外,进气状况、气流扰动以及热力状态等波动都会使其发生变化。图4-1为内燃机在工况3时(进气门间隙过小,排气门间隙过大)不同循环周期内缸盖振动信号的 MICEEMD-PWVD 时频分析结果,图4-1(a)(b)(c)是工况3典型的振动时频图像,受循环波动影响不大,由内燃机缸盖振动信号生成的振动时频图像绝大多数属于这种,但是也存在一些受循环波动影响较大的信号,如图4-1(d)(e)所示,从图中可以看出两者在时域内有较明显的不同,信号在不同时刻的幅值大小有区别,图4-1(d)中-360°附近的幅值小于典型信号的幅值,图4-1(e)在-360°附近的幅值明显大于典型信号的幅值;而在频域内的分布也有较大的不同,低、高频部分的能量分布不尽相同,导致由振动信号生成的振动时频图像也存在明显的不同,图4-1(d)的振动时频图像中,-360°附近的频率分量没有表现出来,而图4-1(e)的振动时频图像中,360°附近出现了多余的频率分量。这说明内燃机即使在相同工况下,其响应的时频特征也存在明显的波动。

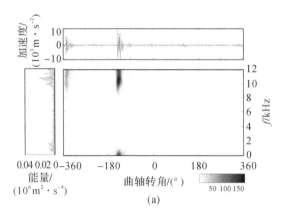

图4-1  工况3不同周期 MICEEMD-PWVD 的时频图像

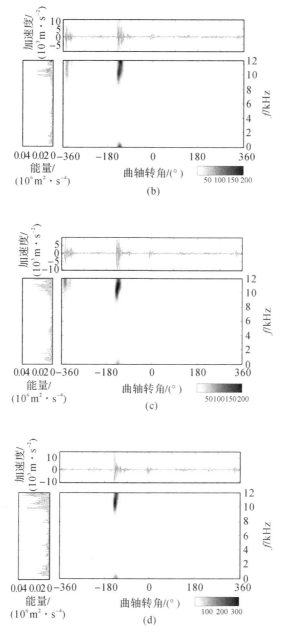

续图 4 - 1　工况 3 不同周期 MICEEMD - PWVD 的时频图像

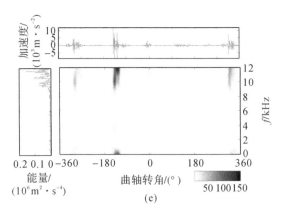

续图 4 - 1    工况 3 不同周期 MICEEMD - PWVD 的时频图像

因此,在对内燃机振动时频图像进行特征提取和故障识别时,要尽量抑制循环波动性对生成的振动时频图像的影响,从图像融合的角度对内燃机同种工作状态的时频图像进行融合,使融合后的时频图像能够反映每个工况的典型特征,以利于下一步的特征参数提取。

## 4.1.2    图像融合的层次和评价指标

### 1.图像融合的层次

图像融合层次一般分成三级,即像素级融合、特征级融合和决策级融合,如图 4 - 2 所示。像素级融合是一种低层次的融合方法,也是目前研究和应用最广泛的一类融合方法,它对各原图像中像素逐个进行信息融合,能尽可能多地保留原图像中的重要信息,精确度较高,有利于下一步对图像的特征提取和识别[112-117];特征级融合是一种中等层次的融合方法,它先提取每个原图像的特征参数,产生特征矢量,然后对这些矢量进行融合,最后利用融合特征矢量对图像进行特征识别[118-120];决策融合是一种高层次的融合方法,它先提取每个原图像的特征参数,对每一个图像的特征参数属性进行说明,然后对结果进行融合,得到原图像的特征识别结果[121-123]。

为规避内燃机循环波动性的影响,使融合后的时频图像能够反映每个工况的典型特征,以利于下一步的特征参数提取,本章提出的基于阈值的像素平均融合方法属于像素级融合方法,它可以最大限度地保留原时频图像的信息,图像融合的结果精度高;对于特征级融合和决策级融合,融合的对象可以是不同图像的相同特征,也可以是相同图像的不同特征,本书第 5 章的基于局部特征和全局特征融合的故障诊断方法属于决策级融合。

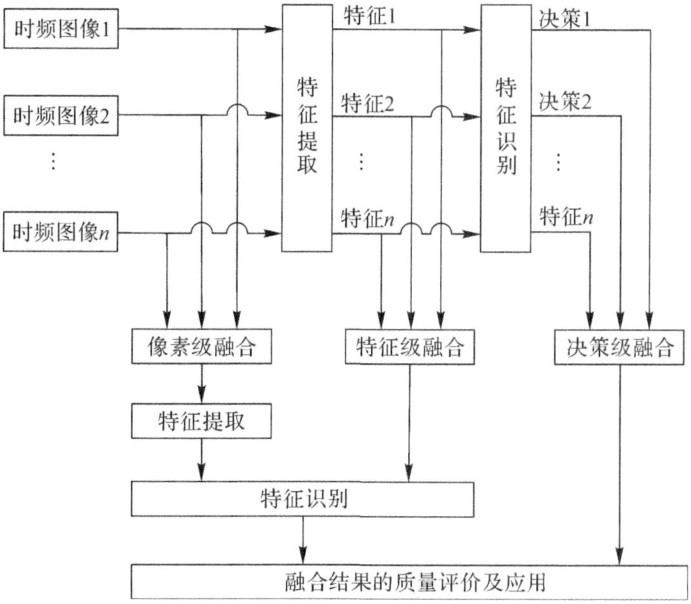

图 4-2　图像融合的层次

### 2.图像融合的评价指标

为检验融合后图像的质量,需要对融合图像进行质量和性能方面的评价,常用的评价方法分为主观评价法和客观评价法[124-126]。主观评价法也称为主观视觉判断法,主要是指人用肉眼直接评估融合图像的质量,这种方法主要利用主观感觉得到的统计结果来评判图像的质量。客观评价法是指采用特定算法对融合后图像的质量进行定量评判,这一方法能有效降低人为因素在评判过程中的影响。常用的客观评价方法有基于融合图像统计特征的评价指标、基于理想图像的评价指标和基于原图像的评价指标三大类。本章为验证各像素级图像融合方法的特性,构造了仿真时频图像,选择基于理想图像的评价指标对融合后的时频图像进行评价。

假设理想图像为 $R$,基于理想图像评价各指标定义如下[127]。

(1)均方根误差(Root Mean Square Error,RMSE)。均方根误差反映了融合图像与理想图像的差异程度,定义为

$$\text{RMSE} = \sqrt{\frac{1}{MN}\sum_{i=1}^{M}\sum_{j=1}^{N}\left[F(i,j)-R(i,j)\right]^2} \qquad (4-1)$$

RMSE 越小,说明融合图像与理想图像差异越小,即融合效果越好。

(2)相关系数(Correlation Coefficient,Corr)。融合图像和理想图像的相关系数为

$$\text{Corr} = \frac{\sum\limits_{i=1}^{M}\sum\limits_{j=1}^{N}\{[R(i,j)-\bar{R}][F(i,j)-\bar{F}]\}}{\sqrt{\sum\limits_{i=1}^{M}\sum\limits_{j=1}^{N}[R(i,j)-\bar{R}]^2 \cdot \sum\limits_{i=1}^{M}\sum\limits_{j=1}^{N}[F(i,j)-\bar{F}]^2}} \quad (4-2)$$

式中:$\bar{R}$ 表示理想图像的平均灰度值;$\bar{F}$ 表示融合图像的平均灰度值。相关系数值越大,说明融合图像质量越好。

(3)信噪比(Signal to Noise Ration,SNR)。将融合图像与理想图像的差异看作噪声,将理想图像看作信号,则信噪比定义为

$$\text{SNR} = 10\lg\frac{\sum\limits_{i=1}^{M}\sum\limits_{j=1}^{N}[R(i,j)]^2}{\sum\limits_{i=1}^{M}\sum\limits_{j=1}^{N}[F(i,j)-R(i,j)]^2} \quad (4-3)$$

(4)峰值信噪比(Peak Signal to Noise Ration,PSNR)。融合图像的峰值信噪比定义为

$$\text{PSNR} = 10\lg\frac{MN[\max(R)-\min(R)]^2}{\sum\limits_{i=1}^{M}\sum\limits_{j=1}^{N}[F(i,j)-R(i,j)]^2} \quad (4-4)$$

信噪比 SNR 和峰值信噪比 PSNR 越大,说明融合图像与理想图像之间的差异越小,即融合效果越好。

## 4.1.3 常用像素级图像融合方法的局限性

像素级图像融合方法可分为基于空间域的图像融合和基于变换域的图像融合两大类。基于空间域的图像融合是直接在图像像素的灰度空间上对图像进行融合的,例如加权平均融合方法、主成分分析融合方法。基于变换域的图像融合是在对原图像进行图像变换后对变换系数进行融合的方法,其中最主要的方法是基于小波变换的图像融合和基于金字塔变换的图像融合。常用的像素级图像融合方法如图 4-3 所示。

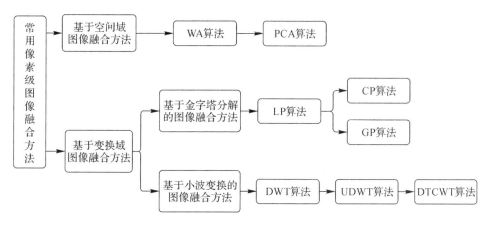

图 4 - 3　常用的像素级图像融合方法

加权平均(Weighted Averaging,WA)图像融合方法是最简单的图像融合方法,它具有简单易实现、运算速度快的优点,并能提高融合图像的信噪比;但是加权平均方法使原图像的边缘和轮廓变得模糊,削弱了图像中的细节信息,降低了图像的对比度,主观视觉效果一般不太理想。针对这一问题,有研究者提出了使用主成分分析法[128](PCA)对加权系数优化,在一定程度上解决了这一问题。利用 PCA 确定的权值可以得到一幅亮度方差最大的融合图像。从性能上讲,主成分分析法更像是对原图像的选择而不是对原图像中显著信息的融合。这种方法的局限性在于,对图像中的死点、噪声等干扰信息非常敏感,这些干扰信息会显著提高图像的全局方差。

金字塔方法[129]是将原图像不断地滤波,形成一个塔状结构,在塔的每一层都用一种算法对这一层的数据进行融合,从而得到一个合成的塔式结构,然后对合成的塔式结构进行重构,得到合成的图像,合成图像包含了原图像的所有重要信息,目前在拉普拉斯金字塔基础上,又先后提出了基于对比度金字塔(Contrast Pyramid,CP)和基于梯度金字塔[130](Gradient Pyramid,GP)分解的图像融合算法。小波变换是对图像在不同频率通道上进行处理的,首先将原图像进行小波分解,得到一系列子图像,再在变换域上进行特征选择,创建融合图像,最后通过逆变换重建融合图像[131]。为改进基于小波变换的图像融合方法,提出了无下采样离散小波变换(Undecimated DWT,UDWT)图像融合方法[132]和双数复小波变换(Dual - Tree Complex Wavelet Transform,DTCWT)图像融合方法[133]。目前常用的像素级图像融合方法,充分利用多幅图像之间信息的冗余性和互补性,从而生成一幅新的对内容描述更全面、更精确的图像。而且从目前图像融合方法的发展来看,所研究的方法基本是追求融合后的图像的边缘轮廓更清晰、图像内容更全面。但是对于内燃机振动时频图像融合并不适合，例如图 4-1(e) 中，由于受内燃机循环波动性的影响，该时频图像在曲轴转角 360°附近出现了多余的频率分量，我们需要用图像融合的方法去除多余的时频分量信息。针对以上问题，本书提出了基于阈值的像素平均融合方法。

## 4.1.4 基于阈值的像素平均融合

假设对 $K$ 个灰度图像 $F_k$ 进行融合，其中 $k=1,2,\cdots,K$，灰度范围为 $[a,b]$，图像大小为 $M\times N$，$F_k(m,n)$ 为对应位置 $(m,n)$ 处的灰度值，其中 $m=1,2,\cdots,M,n=1,2,\cdots,N$，经融合后得到的图像为 $P$。

选定像素的灰度阈值为 $\delta(a\leqslant\delta\leqslant b)$，分别比较 $K$ 个原图像在位置 $(m,n)$ 处灰度值 $F_k(i,j)$ 与 $\delta$ 值的大小，统计 $F_k(m,n)\leqslant\delta$ 的个数为 $q$，则 $F_k(m,n)>\delta$ 的个数为 $k-q$，融合后得到的图像在 $(m,n)$ 处的灰度值为

$$\left.\begin{array}{ll} P(m,n)=\dfrac{\sum\limits_{k\in q}F_k(m,n)}{q} & q\geqslant K-q \\ P(m,n)=b & q<K-q \end{array}\right\} \quad (4-5)$$

即在对位置 $(m,n)$ 的像素点进行融合处理时，当 $q\geqslant K-q$ 时，该点的灰度值是 $F_k(m,n)\leqslant\delta$ 的所有图像的平均值，当 $q<K-q$ 时，该点值为原图像的最高灰度值 $b$。

## 4.1.5 仿真分析

为了说明各图像融合方法在时频图像上应用的效果，对原子仿真信号生成的 MICEEMD-PWVD 时频图像进行融合。对分别由 3 个原子仿真信号生成的时频图像，模拟典型时频图像和两种不同的循环波动时频图像，仿真信号的采样频率为 100 Hz，3 个原子仿真信号的表达式如下：

$$f(i)=\cos(2\pi\times10\times0.01\times i)\exp\left[-\left(\frac{i-64}{0.07\times256}\right)^2\right]+$$
$$\cos(2\pi\times40\times0.01\times i)\exp\left[-\left(\frac{i-64}{0.07\times256}\right)^2\right]+$$
$$\cos(2\pi\times40\times0.01\times i)\exp\left[-\left(\frac{i-192}{0.07\times256}\right)^2\right] \quad (i=1,2,\cdots,256)$$

$$(4-6)$$

$$f(i) = \cos(2\pi \times 10 \times 0.01 \times i)\exp\left[-\left(\frac{i-64}{0.07 \times 256}\right)^2\right] +$$

$$\cos(2\pi \times 40 \times 0.01 \times i)\exp\left[-\left(\frac{i-192}{0.07 \times 256}\right)^2\right] \quad (i = 1,2,\cdots,256)$$

$$(4-7)$$

$$f(i) = \cos(2\pi \times 10 \times 0.01 \times i)\exp\left[-\left(\frac{i-64}{0.07 \times 256}\right)^2\right] +$$

$$\cos(2\pi \times 10 \times 0.01 \times i)\exp\left[-\left(\frac{i-192}{0.07 \times 256}\right)^2\right] +$$

$$\cos(2\pi \times 40 \times 0.01 \times i)\exp\left[-\left(\frac{i-64}{0.07 \times 256}\right)^2\right] +$$

$$\cos(2\pi \times 40 \times 0.01 \times i)\exp\left[-\left(\frac{i-192}{0.07 \times 256}\right)^2\right] \quad (i = 1,2,\cdots,256)$$

$$(4-8)$$

　　由式(4-6)生成的时频图像为典型时频图像,如图 4-4(a)(b)(c)所示,该信号由 3 个具有高斯包络的余弦信号分量迭加而成,3 个信号分量的时间中心分别为 $t_1 = 0.64$ s、$t_2 = 0.64$ s 和 $t_3 = 1.92$ s,频率中心分别为 $f_1 = 10$ Hz、$f_2 = 40$ Hz 和 $f_3 = 40$ Hz。图 4-4(d)是表达式(4-7)生成的时频图像,模拟受循环波动性的影响在 0.64 s 处 40 Hz 的频率分量没有显示出来;图 4-4(e)是表达式(4-8)生成的时频图像,模拟受循环波动性的影响在 1.92 s 处多出了 10 Hz 的频率分量。

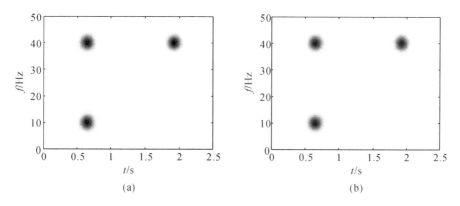

图 4-4　仿真信号的时频图像

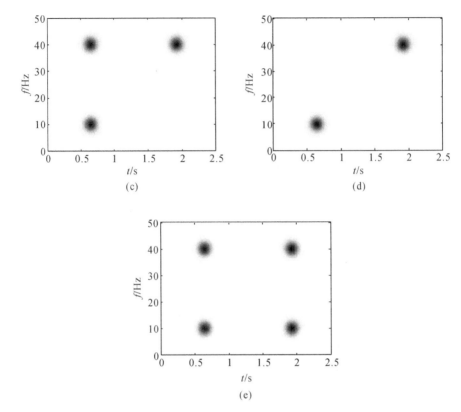

续图 4 - 4 仿真信号的时频图像

内燃机振动信号虽然存在循环波动性的影响,但是在实际采集的信号中,大多数振动信号生成的时频图像均与典型时频图像相似,少数振动信号生成的时频图像与图 4 - 4(d)(e)相似,在某时刻会出现缺少或多余频率分量的情况。因此,在对用仿真信号生成的时频图像进行融合时,选用 3 幅典型时频图像[见图 4 - 4(a)(b)(c)]和两种受循环波动影响的时频图像[见图 4 - 4(d)(e)]共 5 幅图像进行融合,融合后所希望得到的理想图像即为图 4 - 4(a)(b)(c)。

用上述常用的 4 种图像融合方法和本书提出的基于阈值的像素平均方法对图 4 - 4 中的 5 幅图像进行融合,得到的图像如图 4 - 5 所示。应用加权平均方法进行融合时,每幅图像的权值均为 0.2,基于小波变换的图像融合方法的融合规则为:低频平均,高频取最大值;基于阈值的像素平均融合方法,取阈值 $\delta = 230$。

从图 4 - 5 中可以看出使用加权平均、PCA、基于拉普拉斯金字塔变换和基于小波变换 4 种方法融合后的时频图像,虽然增加了图 4 - 4(d)中 0.64 s 处缺少的 40 Hz 的频率分量,但是并没有消除图 4 - 4(e)中 1.92 s 处多出的 10 Hz 的频率分量。分析其原因,主要是目前的图像融合方法均是利用图像之间的冗余和互补信息,使原图像中模糊或不存在的图像信息在融合后的图像中清晰地表现出来,因此利用现有的图像融合方法进行融合,融合后的图像中会增加多余的频率分量信息。与其他三种方法相比,用加权平均融合方法对图像进行融合时,图 4 - 4 的 5 幅图像中,只有一幅图像在 1.92 s 处有 10 Hz 的频率分量,权值取为 0.2,该处多余的频率分量的灰度值变为以前的 1/5,所以该方法对于多余的频率分量有一定的抑制作用,好于其他的图像融合方法,但是多余的频率分量并没有最终消除,而且对于加权平均融合方法,图像越多融合后的图像越精确,基于故障诊断本身的特点,不便于用大量的图像进行融合。用基于阈值的像素平均融合方法得到的融合后图像如图 4 - 5(e)所示,从图中可以看出,该方法不但对图 4 - 4(d)中 0.64 s 处缺少的 40 Hz 的频率分量进行了补充,而且消除了图 4 - 4(e)中 1.92 s 处多余的 10 Hz 频率分量,很好地规避了循环波动性的影响。

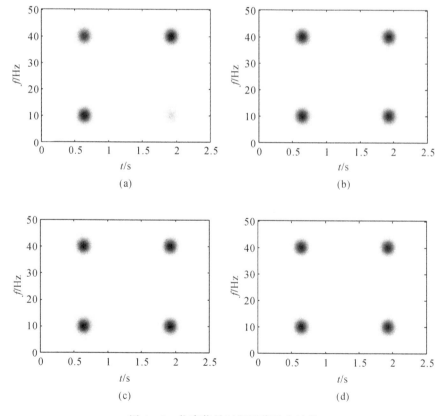

图 4 - 5　仿真信号时频图像融合结果

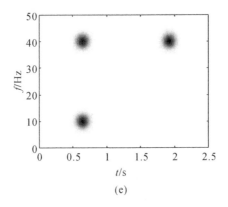

(e)

续图 4 - 5　仿真信号时频图像融合结果

选取图 4 - 4(a)作为理想图像,然后分别用经 5 种方法融合后的图像与理想图像进行比较,得到的基于理想图像的评价指标见表 4 - 1。从表中可以看出,基于阈值的像素平均融合方法效果最好,加权平均融合方法次之,与主观评价的结果一致,说明基于阈值的像素平均融合方法可以很好地规避内燃机循环波动对生成的振动时频图像的影响。

**表 4 - 1　图像质量评价指标**

| 评价指标 | 加权平均图像融合 | PCA图像融合 | 基于小波变换图像融合 | 基于拉普拉斯金字塔变换图像融合 | 基于阈值的像素平均图像融合 |
|---|---|---|---|---|---|
| RMSE | 4.007 4 | 5.780 3 | 6.226 8 | 8.786 5 | 3.611 5 |
| Corr | 0.965 4 | 0.933 9 | 0.921 8 | 0.826 3 | 0.970 6 |
| SNR | 82.946 4 | 75.592 6 | 74.103 5 | 67.206 4 | 85.022 4 |
| PSNR | 74.248 1 | 75.736 2 | 74.248 1 | 67.360 8 | 85.142 6 |

## 4.1.6　实例分析

选取 6135G 内燃机工况 3(进气门间隙过小,排气门间隙过大)时的 5 个缸盖振动信号,并用 MICEEMD - PWVD 方法对其分析,生成的时频图像如图 4 - 1 所示。分别用加权平均、PCA、基于拉普拉斯金字塔变换、基于小波变换和本书提出的基于阈值的像素平均融合方法,对图 4 - 1 所示的 5 幅受内燃机循环波动性影响的振动时频图像进行融合,得到的融合后图像,如图 4-6 所示。在进行融合时,用加权平均方法得到的 5 幅图像的权值均为 0.2。基于小波变换的图像融合方法的融合规则为:高频取最大值,低频取平均值。基于阈值的像素图像融合方法的阈值 $\delta = 230$。图 4-6(a)(b)(c)(d)是目前常用图像融合方法得到的融合后内燃机振动的时频图像,从图中可以看出,融合后的振动时频图像虽然增加了-360°附近的频率分量,但是并没有消除 360°附近的多余频率分量信息。与其他 3 种常用融合方法相比,用加权平均融合方法对时频图像进行融合的结果好于其他 3 种方法,因为图 4-1 的 5 幅时频图像中只有一幅图像在 360°附近有频率分量,对应的权值为 0.2,所以融合后的时频图像中该处多余的频率分量的灰度值变为以前的 1/5,说明在用加权融合方法对内燃机振动时频图像进行融合时,该方法对于多余的频率分量有一定的抑制作用,好于其他的图像融合方法,但是多余的频率分量并没有最终消除。图 4-6(e)是基于阈值的像素平均融合方法融合后的时频图像,从图中可以看出,融合后的图像增加了-360°附近缺少的频率分量,而且有效消除了 360°附近的多余频率分量信息,有效抑制了循环波动性的影响。

实验结果表明,采用基于阈值的像素平均融合方法,可以消除多幅内燃机振动时频图像之间可能存在的冗余和矛盾,优势互补,降低了内燃机时频图像的不确定性,提高了时频图像的精确度和可靠性。

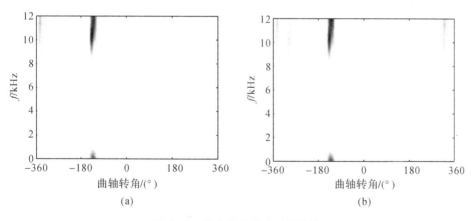

图 4-6　融合后的振动时频图像

(a)加权平均融合;(b)PCA 图像融合

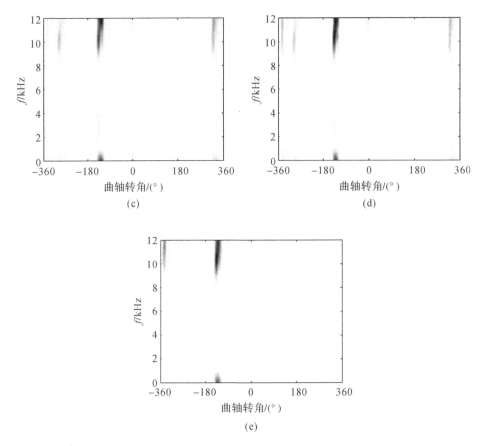

续图 4 - 6　融合后的振动时频图像

(c)基于拉普拉斯金字塔变换的图像融合;(d)基于小波变换的图像融合;(e)基于阈值的像素平均融合

# 4. 2　图像的降维预处理

在基于图像的内燃机故障诊断方法中,生成的振动时频图像的维数一般较高,如果直接对振动图像进行特征提取,运算量过于庞大、计算效率低下,耗时较长,因此需要在保留原有振动时频图像特征的基础上对其进行降维处理,以减轻时频图像的运算负担,有效提高运算效率,便于对时频图像进行实时处理。

目前常用的图像降维方法有三次卷积插值法、近邻插值法、双线性内插值法等,本章选用运算速率相对较快、缩放质量较高的三次卷积插值法对振动时频图像进行降维。

## 4.2.1　三次卷积插值法

三次卷积插值[15]又称为立方卷积插值,其本质是利用采样点的周围 16 个点的灰度值做三次内插运算,待插值点与 16 个邻近点排布如图 4 - 7 所示。

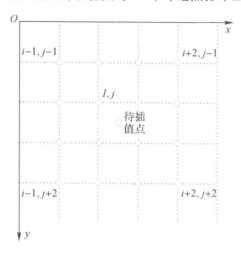

图 4 - 7　待插值点与 16 个邻近点排布

由连续信号采样定理可知,若对采样值用插值函数 $\mathrm{sinc}(w) = \sin(w)/w$ 插值,则可以准确地恢复原函数,得到采样点间任意点的值。三次卷积插值法实质上就是利用一个三次多项式来近似得到理论上的最佳插值函数 $S(w)$:

$$S(w) = \begin{cases} 1 - 2\left| w \right|^2 + \left| w \right|^3, & \left| w \right| < 1 \\ 4 - 8\left| w \right| + 5\left| w \right|^2 - \left| w \right|^3, & 1 \leqslant \left| w \right| \leqslant 2 \\ 0, & \left| w \right| > 2 \end{cases} \qquad (4-9)$$

目标值 $f(i+u,j+v)$ 可由以下插值公式得到:

$$f(i+u,j+v) = \boldsymbol{A} \cdot \boldsymbol{B} \cdot \boldsymbol{C} \qquad (4-10)$$

其中矩阵 $\boldsymbol{A}$、$\boldsymbol{B}$、$\boldsymbol{C}$ 分别为

$$\boldsymbol{A} = \begin{bmatrix} S(u+1) & S(u) & S(u-1) & S(u-2) \end{bmatrix} \qquad (4-11)$$

$$\boldsymbol{B} = \begin{bmatrix} f(i-1,j-1) & f(i-1,j) & f(i-1,j+1) & f(i-1,j+2) \\ f(i,j-1) & f(i,j) & f(i,j+1) & f(i,j+2) \\ f(i+1,j-1) & f(i+1,j) & f(i+1,j+1) & f(i+1,j+2) \\ f(i+2,j-1) & f(i+2,j) & f(i+2,j+1) & f(i+2,j+2) \end{bmatrix}$$

$$(4-12)$$

$$C = [S(v+1) \quad S(v) \quad S(v-1) \quad S(v-2)]^T \qquad (4-13)$$

三次卷积插值法带有边缘增强的效果,能够较好地刻画时频图像特征体的边缘信息,所以利用三次卷积插值算法,能够有效地对高维的振动时频图像进行降维,同时具有较高的执行效率,使算法的泛化性能进一步得到增强。

## 4.2.2 仿真分析

为验证三次卷积插值法降维后的效果,对 4.1.5 节生成的 5 幅原子 MICEEMD-PWVD 时频图像用三次卷积插值法进行降维,将时频图像的维数从原来的 $560 \times 420$ 降为 $56 \times 42$,降维后的时频图像如图 4-8 所示。从图 4-8 中可以看出,降维后的原子时频图像的频率分量的分布信息与原图像保持一致,较好地保留了原时频图像的特征信息。

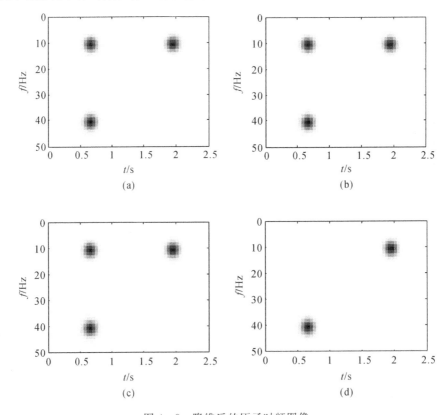

图 4-8 降维后的原子时频图像

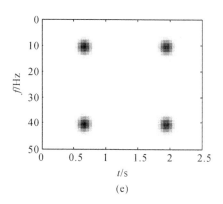

(e)

续图 4 - 8　降维后的原子时频图像

## 4.2.3　实例分析

用三次卷积插值方法,将第 3.5 节介绍的 8 种内燃机气门工况的 MICEEMD - PWVD 时频图像降至 $56 \times 42$ 维后的图像如图 4 - 9 所示,由图 4 - 9 可以看出,$56 \times 42$ 维的时频图像较好地保留了原图像的特征信息。

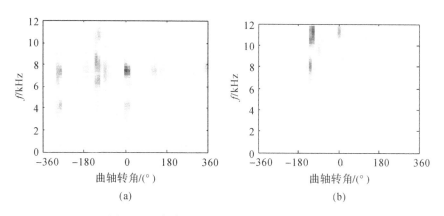

图 4 - 9　降维后 MICEEMD - PWVD 时频图

(a)工况 1;(b)工况 2

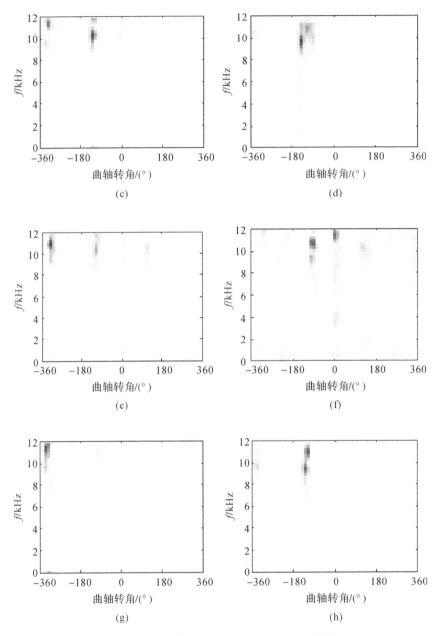

续图 4 - 9  降维后 MICEEMD - PWVD 时频图

(c)工况 3;(d)工况 4;(e)工况 5;(f)工况 6;(g)工况 7;(h)工况 8

# 4.3　本章小结

为了提高内燃机故障诊断的效率和正确率,本章对内燃机缸盖振动信号的时频图像进行了融合和降维处理,主要结论如下。

(1)为规避内燃机循环波动性对诊断结果的影响,本章针对现有图像融合方法存在的问题,提出了基于阈值的像素平均融合方法,实验结果表明,该方法有效规避了内燃机循环波动性的影响。

(2)针对原时频图像维数巨大、计算效率低、耗时较长的问题,使用缩放质量较高的三次卷积插值法对振动时频图像进行降维,实验结果表明,该方法可以在有效保留原有振动时频图像特征的基础上对其进行降维预处理,大大减少了运算量。

# 第5章 基于时频图像代数特征提取的内燃机故障诊断

在第4章中,我们对生成的时频图像进行了融合,抑制了内燃机循环波动性的影响,增强了内燃机振动时频图像的确定性,并用三次卷积插值方法对振动时频图像进行了降维,从而有利于后续的特征提取。

图像特征提取是内燃机振动时频图像识别诊断方法中的一个重要步骤,其特征参数的可分性直接决定着诊断结果的正确性和可靠性。由第2章可知,振动时频图像的特征分为视觉特征和代数特征两大类,本章主要研究基于代数特征的内燃机故障诊断方法,针对应用局部非负矩阵分解方法对内燃机进行特征提取时,如果新增加某种工况的训练样本或加入一类新的故障,则需要对局部非负矩阵的基矩阵重新进行计算,影响内燃机故障诊断效率的问题,提出一种基于分块局部非负矩阵分解的内燃机故障诊断方法,实验结果表明,该方法诊断结果的正确率较高,并且能提高内燃机故障诊断的效率。

## 5.1 时频图像代数特征的不足

内燃机振动时频图像的代数特征是基于统计学习方法抽取的特征,相当于通过一个线性或非线性的空间变换,把原始时频图像数据压缩到一个低维子空间,这样既可以降低计算量,又可以更好地描述时频图像的特征信息,具有较高的识别精度。代数特征反映的是内燃机振动时频图像的一种内在属性,采用不同的特征提取方法所获得的代数特征的意义也大不相同。由第2章可知,常用的线性特征提取方法有主成分分析(PCA)、独立成分分析(Independent Components Analysis,ICA)和非负矩阵分解(Non-negative Matrix Factorization,NMF),以及这些方法的改进算法等[134-138]。

用 PCA 和 ICA 方法提取的时频图像特征是一种全局的描述,得到基矩阵的像素点可以是正值也可以是负值,在表征原时频图像的线性组合中,可能存在相加关系,也可能存在相减关系,缺少直观意义上的由局部构成整体的效果,对于振动时频图像,由于存在负值,时频图像的分解结果物理意义不明确,缺少可解释性。

针对以上问题,Lee 等人于 1999 年提出了非负矩阵分解方法[139],其思想是对基矩阵和系数矩阵施加非负约束,将一系列非负基图像进行叠加,重构原图像(见图 5-1),与 PCA,ICA 等方法相比,这一重建过程更接近于将局部组合成整体的过程,具有明确的物理意义。而且,NMF 提取的特征参数还具有一定的稀疏性,能在一定程度上抑制由外界变化( 内燃机振动信号噪声在时频图像上产生的特征体) 给特征提取带来的不利影响[140],使提取的特征参数具有较好的可分性。

非负矩阵分解的基本原理如下:

假设需要处理 $m$ 个 $n$ 维样本数据,它可以用矩阵 $V_{n \times m}$ 表示,该矩阵中各元素都是非负的,对矩阵 $V_{n \times m}$ 进行线性分解,有 $V_{n \times m} = W_{n \times r} H_{r \times m}$,其中 $W_{n \times r}$ 称为基矩阵,即特征矩阵,$H_{r \times m}$ 为系数矩阵,$W$ 和 $H$ 中的元素均要求非负。非负性的限制在实际的图像特征提取中具有重要的物理意义,图 5-1 中,内燃机振动信号的时频图像表示为特征基矩阵 $W$ 和系数矩阵 $H$ 的乘积。其中,$W$ 的每一列代表一个时频图像的特征图像,$W$ 的非负性避免了时频图像像素为负情况的出现;而系数矩阵 $H$ 的非负性保证了图像重构时,各特征图像的叠加性,避免了特征时频图像像素相减这种缺少物理意义的情况的出现。另外,对于所有时频图像,特征矩阵 $W$ 是确定不变的,时频图像向 $W$ 投影得到的系数即为该时频图像的特征。

原时频图像

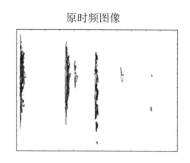

| $W$ | | $H$ | | 重构时频图像 |
|---|---|---|---|---|

 × 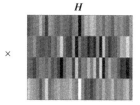 =

图 5-1　非负矩阵重构时频图像

为了使分解后的图像基向量能够得到更加局部的特征,Li等提出了局部非负矩阵分解(Local Nonnegative Matrix Factorization,LNMF)算法[141],通过对K-L散度目标函数施加基的列正交性约束,使基向量的个数最少,并减少基向量之间的冗余。与传统NMF相比,LNMF分解得到的特征图像更稀疏,得到的空间局部化特征也更加明显,对图像的降维效果更好,在训练速度和特征参数的可分性上面也更优异。

然而,在用LNMF方法对内燃机振动时频图像进行特征提取时,如果新增加某种工况的训练样本或加入一类新的故障,LNMF需要对特征基矩阵$\boldsymbol{W}$重新进行分解计算,严重影响了计算效率。鉴于LNMF的增量学习问题,本书提出一种分块局部非负分解方法(Block Local Nonnegative Matrix Factorization,BLNMF),利用分块的思想对LNMF算法进行改进,将待分解矩阵$\boldsymbol{V}$按内燃机工况种类进行分块,即同一工况的训练样本形成一个小的矩阵块,然后对每个小矩阵进行分解,并将分解后的小矩阵合成大矩阵。

# 5.2 分块局部非负矩阵分解

## 5.2.1 分块局部非负矩阵算法

设$\boldsymbol{V}_{m\times n} = [\boldsymbol{V}_1 \quad \boldsymbol{V}_2 \quad \cdots \quad \boldsymbol{V}_c]$,其中,$\boldsymbol{V}_i = [v_1^{(i)} \quad v_2^{(i)} \quad \cdots \quad v_{n_i}^{(i)}]$;$v_j^{(i)}$为第$i$类的训练样本,$j = 1,2,\cdots,n_i$;$n_i$为第$i$类的训练样本数;$c$为类别数,$i = 1,2,\cdots,c$。

设每种内燃机工况的训练样本数相同,记为$n_0$,则所有工况的训练样本总数为$n = cn_0$。对每个$V_i$进行LNMF:

$$(\boldsymbol{V}_i)_{m\times n_0} \overset{\text{LNMF}}{\approx} (\boldsymbol{W}_i)_{m\times r_0} (\boldsymbol{H}_i)_{r_0\times n_0} \tag{5-1}$$

得到:

$$[\boldsymbol{V}_1 \quad \boldsymbol{V}_2 \quad \boldsymbol{V}_c] \approx [\boldsymbol{W}_1 \quad \boldsymbol{W}_2 \quad \boldsymbol{W}_c]\begin{bmatrix} \boldsymbol{H}_1 & & & \\ & \boldsymbol{H}_2 & & \\ & & \ddots & \\ & & & \boldsymbol{H}_c \end{bmatrix} \tag{5-2}$$

若记$\boldsymbol{W}_{m\times r} = [\boldsymbol{W}_1 \quad \boldsymbol{W}_2 \quad \boldsymbol{W}_c]$,$\boldsymbol{H}_{r\times n} = \text{diag}(\boldsymbol{H}_1,\boldsymbol{H}_2,\cdots,\boldsymbol{H}_c)$。其中,$r = cr_0$,则由式(5-2)得到分块局部非负矩阵$\boldsymbol{V}_{m\times n} \overset{\text{BLNMF}}{\approx} \boldsymbol{W}_{m\times r}\boldsymbol{H}_{r\times n}$。

为确保矩阵分解的非负性,非负矩阵分解的迭代均为乘性迭代,由于乘法运算比加法运算慢很多,因此只需讨论乘法运算的次数[142]。设非负矩阵分解的维数为 $r$,对于 LNMF 算法,$H$ 迭代一次所需的乘法运算次数约为 $nr(mr+2m+2)$,$W$ 迭代一次所需的乘法运算次数为 $mr(nr+2n+2)$,则 LNMF 迭代一次乘法运算次数为

$$T_{\mathrm{LNMF}} = 2mnr^2 + 4mnr + 2mr + 2nr \qquad (5-3)$$

设分块局部非负矩阵的特征维数为 $r_0$,则对于每一个 $V_i$,迭代一次所需的乘法运算次数为 $2mn_0r_0^2 + 4mn_0r_0 + 2mr_0 + 2n_0r_0$,一共进行 $c$ 次,总共需要

$$
\begin{aligned}
T_{\mathrm{BLNMF}} &= (2mn_0r_0^2 + 4mn_0r_0 + 2mr_0 + 2n_0r_0)c \\
&= \frac{2mnr^2}{c^2} + \frac{4mnr}{c} + 2mr + \frac{2nr}{c}
\end{aligned}
\qquad (5-4)
$$

比较式(5-3)和式(5-4)可以看出,BLNMF 的计算量远远小于 LNMF 的计算量。

## 5.2.2　分块局部非负矩阵增量学习

当内燃机各工况增加新的训练样本或增加新的工况时,现有的所有基于非负矩阵的算法都要重新进行学习,而 BLNMF 算法可以进行增量学习,这样可以有效减少训练时间。

(1)当第 $i$ 类 $V_i$ 中增加一个新训练样本 $x_0$ 时,令 $\widehat{V_i} = \begin{bmatrix} V_i & x_0 \end{bmatrix}$,训练样本矩阵变为

$$\widehat{V} = \begin{bmatrix} V_1 & \cdots & \widehat{V_i} & \cdots & V_c \end{bmatrix} \qquad (5-5)$$

此时 $V_k \overset{\mathrm{LNMF}}{\approx} W_k H_k (k \neq i)$ 无须重复计算,只需要计算 $\widehat{V_i} \overset{\mathrm{LNMF}}{\approx} \widehat{W_i}\widehat{H_i}$ 即可,从而得到新的分块非负矩阵分解:

$$\widehat{V} \overset{\mathrm{BLNMF}}{\approx} \widehat{W}\widehat{H} = \begin{bmatrix} W_1 & \cdots & \widehat{W_i} & \cdots & W_c \end{bmatrix} \begin{bmatrix} H_1 & & & & \\ & \ddots & & & \\ & & \widehat{H_i} & & \\ & & & \ddots & \\ & & & & H_c \end{bmatrix} \qquad (5.6)$$

(2)当增加新的类别 $V_{c+1}$ 时,新的训练样本矩阵为 $\widehat{V} = \begin{bmatrix} V_1 & \cdots & V_c & \cdots & V_{c+1} \end{bmatrix}$,同样 $V_k \overset{\mathrm{LNMF}}{\approx} W_k H_k (k = 1,2,\cdots,c)$ 不用再计算,只需要计算 $V_{c+1} = W_{c+1} H_{c+1}$ 即可,从而可得到新的分块矩阵分解:

$$\overset{\wedge}{\boldsymbol{V}} \overset{\text{BLNMF}}{\approx} \overset{\wedge}{\boldsymbol{W}}\overset{\wedge}{\boldsymbol{H}} = \begin{bmatrix} \boldsymbol{W}_1 & \cdots & \boldsymbol{W}_c & \cdots & \boldsymbol{W}_{c+1} \end{bmatrix} \begin{bmatrix} \boldsymbol{H}_1 & & & \\ & \ddots & & \\ & & \boldsymbol{H}_c & \\ & & & \ddots \\ & & & & \boldsymbol{H}_{c+1} \end{bmatrix} \qquad (5-7)$$

### 5.2.3 基于分块局部非负矩阵的时频图像特征提取

假设预处理后的振动谱图像矩阵大小为 $L \times R$，BLNMF 特征参数提取流程如下。

(1)对得到的时频图像矩阵进行重排操作，将每个矩阵由二维 $C \times R$ 变为一维 $L \cdot R \times 1$ 列向量，设 $L \times R = m$，即图像的维数为 $m$，并对其进行归一化处理；

(2)从 $c$ 个种类工况的时频图像中，每类选取 $n_0$ 个作为训练样本。并将同一类的训练样本形成小矩阵 $(\boldsymbol{V}_i)_{m \times n_0}, i = 1, 2, \cdots, c$。

(3)分别对每个 $(\boldsymbol{V}_i)_{m \times n_0}$ 进行 LNMF，$(\boldsymbol{V}_i)_{m \times n_0} \overset{\text{LNMF}}{\approx} (\boldsymbol{W}_t)_{m \times r_0} (\boldsymbol{H}_i)_{r_0 \times n_0}, i = 1, 2, \cdots, c$，同时得到基矩阵 $\boldsymbol{W}_i$ 和系数矩阵 $\boldsymbol{H}_i$。

(4)将得到的所有基矩阵 $\boldsymbol{W}_i$ 组成 $\boldsymbol{W}_{m \times r} = [\boldsymbol{W}_1, \boldsymbol{W}_2, \cdots, \boldsymbol{W}_c]$，所有 $\boldsymbol{H}_i$ 组成 $\boldsymbol{H}_{r \times n} = \text{diag}(\boldsymbol{H}_1, \boldsymbol{H}_2, \cdots, \boldsymbol{H}_c)$，其中 $r = cr_0, n = cn_0$，则得到 BLNMF 算法 $\boldsymbol{V}_{m \times n} \overset{\text{BLNMF}}{\approx} \boldsymbol{W}_{m \times r} \boldsymbol{H}_{r \times n}$。内燃机某工况有新的训练样本或新的故障工况加入时，不需要全部重复训练，只需要由上述增量学习方法得到新的 BLNMF 结果：$\overset{\wedge}{\boldsymbol{V}} \overset{\text{BLNMF}}{\approx} \overset{\wedge}{\boldsymbol{W}}\overset{\wedge}{\boldsymbol{H}}$。

(5)将时频图像向量投影到特征空间 $\boldsymbol{W}$，所得的结果即为时频图像的系数向量 $\boldsymbol{H}$，$\boldsymbol{H}$ 的维数为 $r \times 1$，其中 $r = cr_0$，每一个系数向量 $\boldsymbol{H}$ 代表了它所对应的时频图像。

# 5.3 基于分块局部非负矩阵分解的内燃机故障诊断方法流程

基于分块局部非负矩阵分解的内燃机故障诊断流程如图 5-2 所示，其具体步骤如下。

(1)对内燃机振动信号进行采集,然后用时频分析方法将振动信号转化为时频图像,用基于阈值的像素平均融合方法对时频图像进行融合,并用三次卷积插值法对时频图像进行降维。

(2)将每个时频图像矩阵重排为一维列向量,随机选择一部分降维后的振动时频图像组成训练集 $V$,其余组成测试集 $\overline{V}$。

(3)应用 BLNMF 方法对 $V$ 进行分解计算,得到标准时频图像基矩阵 $W$。

(4)分别将 $V$ 和 $\overline{V}$ 向标准时频图像基矩阵 $W$ 投影,得到训练集的系数矩阵 $H$ 和测试集的系数矩阵 $\overline{H}$,其中系数矩阵的每一列即为对应时频图像的特征参数。

(5)应用训练集系数矩阵 $H$ 对分类器进行训练。

(6)将测试集系数矩阵 $\overline{H}$ 输入到训练好的分类器中进行分类,完成内燃机故障诊断。

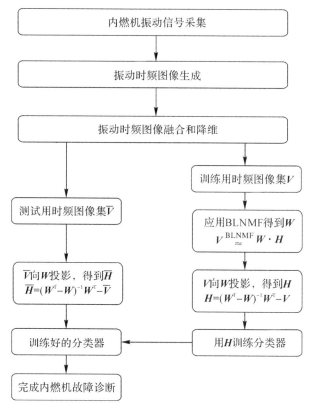

图 5-2　基于分块局部非负矩阵分解的内燃机故障诊断流程

# 5.4 实 例 分 析

本章及以后各章的实验平台均为 Matlab2012b,计算机配置为:Windows xp 32 位操作系统,Intel(R) Core(TM) i3 CPU,4GB 内存。

实验数据来源:为验证各种算法的性能,内燃机故障数据来自第 3.4.1 节的气门间隙故障。采集 8 种工况的内燃机缸盖振动信号,每种工况有 300 个信号,共 2 400 个振动信号。分别用 MICEEMD‐PWVD 和 KVMD‐PWVD 方法对振动信号进行分析,得到两种方法下每种工况 300 幅,共 2 400 幅时频图像,然后把所有时频图像转化为灰度图像,组成 MICEEMD‐PWVD 时频图像集和 KVMD‐PWVD 时频图像集。

## 5.4.1 基于分块局部非负矩阵分解的内燃机故障诊断实例分析

在通过内燃机气门间隙实例对 BLNMF 特性进行验证的过程中,为了充分说明 BLNMF 与 NMF 和 LNMF 方法的区别,避免时频图像融合环节对其的影响,本节选用没有融合的 MICEEMD‐PWVD 时频图像集对其特性进行验证。随机抽取 480 幅 MICEEMD‐PWVD 时频图像,其中内燃机在每种工况下各有 60 幅,用三次卷积插值法把图像压缩至 $56 \times 42$ 像素。然后选择每种工况下的 30 幅图像作为训练集,其余 30 幅图像作为测试集,采用 BLNMF 算法对 8 种工况时频图像进行特征提取,特征维数 $r_0$ 分别取 $\{2,3,\cdots,12,13\}$,即 $r$ 为 $\{16,24,\cdots,96,104\}$;为测试该方法的特征提取效果,用 NMF 和 LNMF 方法作为对比,NMF 和 LNMF 的特征维数为 $r$。为充分验证 BLNMF 算法的特性,选择比较简单的最近邻分类器对其进行分类。为确保结果的准确性,重复上述过程 30 次,并将平均值作为最终结果,不同维数的识别率如图 5‐3 所示。从图中可以看出,特征维数的选择对三种方法的识别率影响很大,当特征维数 $r$ 低于 32 时,LNMF 方法和 NMF 方法的识别率高于 BLNMF,当特征维数 $r$ 大于 48 时,BLNMF 的识别率高于其他两种方法。当 $r_0 = 9$ 时,BLNMF 的最高识别率为 92.812 5%;当 $r = 24$ 时,NMF 的最高识别率为 90.625%;当 $r = 40$ 时,LNMF 的最高识别率为 91.67%。选择适当的特征维数时,BLNMF 方法的识别率高于 NMF 方法和 LNMF 方法,说明 BLNMF 方法可以有效地对时频图像进行特征提取。另外,特征维数较低时,BLNMF 的识别率比 LNMF 和 NMF 低,这是由于在分块后,特征维数 $r_0$ 变为原来的 $1/c$,特征维数太低,不能有效表示整个时频图像的信息,影响基矩阵的学习效果,最终影响时频图像的识别率。对于非负矩阵分解方法如何选择最佳的特征维数,目前还没有有效的方法,一般选择多个特征维数进行实验,识别率最高的特征维数即为最终结果。

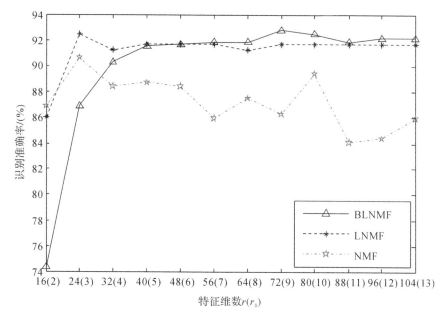

图 5 - 3　识别准确率

对于 MICEEMD - PWVD 时频图像,随机选取 $n(n=20,30,40,50)$ 幅时频图像进行训练,其余 $(60-n)$ 幅图像进行测试。在 NMF,LNMF 和 BLNMF 算法中,分别选取 $r=24,r=40$ 和 $r_0=9$。实验重复进行 30 次,计算 30 次的平均识别率和平均时间,得到的识别率和消耗时间见表 5 - 1 和表 5 - 2。可以看出,随着训练样本的增加,识别率和消耗时间均有所增加,另外,本书提出的 BLNMF 算法具有较好的识别率和计算效率。

表 5 - 1　不同训练样本识别率比较

| 训练样本数 | NMF/(%) | LNMF/(%) | BLNMF/(%) |
| --- | --- | --- | --- |
| 20 | 88.75 | 88.89 | 90.64 |
| 30 | 90.23 | 91.76 | 92.81 |
| 40 | 91.68 | 93.45 | 94.74 |
| 50 | 92.87 | 95.12 | 96.88 |

表 5 - 2    不同训练样本实验所耗时间

| 训练样本数 | NMF/s | LNMF/s | BLNMF/s |
|---|---|---|---|
| 20 | 40.8 | 24.1 | 16.2 |
| 30 | 59.2 | 45.6 | 33.6 |
| 40 | 79.5 | 60.1 | 50.4 |
| 50 | 97.6 | 71.2 | 59.8 |

对于 MICEEMD - PWVD 时频图像,选取前 7 种工况,每种工况取 30 幅图像进行训练,其余 30 幅进行测试。当增加一种新的工况组成 8 种工况时,NMF 和 LNMF 算法需要重新进行学习,而 BLNMF 算法只需要对新增加的工况进行增量学习。重复以上实验 30 次,并计算 30 次的平均计算时间,结果见表 5 - 3,由实验结果可知,BLNMF 增量学习仅需要 0.7 s,远远高于 NMF 和 LNMF 的计算效率。

表 5 - 3    类增量学习所耗时间

| 工况数量 | NMF/s | LNMF/s | BLNMF/s |
|---|---|---|---|
| 7 | 54.5 | 43.8 | 31.2 |
| 8 | 59.2 | 45.6 | 0.7 |

## 5.4.2   图像融合对诊断结果的影响

为说明图像融合对识别结果的影响,选用 MICEEMD - PWVD 时频图像集对其进行验证。将图像集中每种工况的 300 幅时频图像分别用基于阈值的像素平均融合方法、基于小波变换的融合方法、基于拉普拉斯金字塔变换图像融合方法和 PCA 图像融合方法,对相邻的 5 幅时频图像进行融合,得到每种工况下各 60 幅融合后的时频图像,在各种方法融合后的时频图像中,每种工况随机抽取 30 幅图像组成训练集,其余 30 幅图像作为测试集。另外,在未融合的时频图像中,每种工况随机抽取 30 幅图像组成训练集,其余 30 幅图像作为测试集,与融合后的时频图像进行对比分析。为准确表明图像融合对特征提取结果的影响,选择 BLNMF 对图像进行特征提取,特征维数 $r_0$ 分别取 $2,3,\cdots,12,13$,并用最近邻分类器进行分类。为提高计算速度,在特征提取前先将图像用三次卷积插值法压缩至 $56 \times 42$ 像素。重复上述过程 30 次,得到的平均识别率如图 5 - 4 所示。从图中可以看出,基于阈值的像素平均融合方法的总体的识别率最高, $r_0 = 7$ 时为 98.01%;加权平均融合方法次之, $r_0 = 7$ 时为 96.17%;未融合的图像识别率 $r_0 = 9$ 时为 92.81%;基于拉普拉斯金字塔变换图像融合、PCA 图像融合和基于小波变换图像融合方法的识别率均低于未融合图像的识别率,基于小波变换的融合方法的总体识别率最低, $r_0 = 6$ 时为 88.67%。从识别率上可以看出,未融合的时频图像由于循环波动性的存在,阻碍了识别率的提高;基于拉普拉斯金字塔变换图像融合、PCA 图像融合和基于小波变换图像融合方法不但没有抑制内燃机循环波动性的影响,反而在时频图像中引入新的噪声,使识别率降低;加权平均融合方法在一定程度上抑制了内燃机循环波动性的影响,识别率得到提升;本书提出的基于阈值的像素平均融合方法识别率最高,说明该方法有效抑制了内燃机循环波动性的影响。另外,本书提出的基于分块局部非负矩阵分解的内燃机故障诊断方法,在对内燃机 MICEEMD - PWVD 时频图像融合的基础上,诊断的准确率达到 98.01%,说明该方法可以用于内燃机气门间隙的故障诊断。

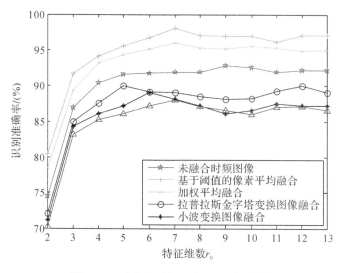

图 5 - 4　融合后时频图像的识别准确率

### 5.4.3　图像降维对诊断结果的影响

为了说明用三次卷积插值方法对内燃机振动时频图像进行降维给识别结果带来的影响,以下选用 MICEEMD - PWVD 和 KVMD - PWVD 时频图像集对其进行验证。对于图像集中每种工况的 300 幅时频图像,用基于阈值的像素平均融合方法对相邻的 5 幅时频图像进行融合,得到每种工况各 60 幅融合后的时频图像。对融合后的 MICEEMD - PWVD 和 KVMD - PWVD 时频图像,用三次卷积插值法进行降维,维数分别设为 $14 \times 10, 28 \times 21, 56 \times 42, 112 \times 81$ 和 $140 \times 105$,并用 BLNMF 方法提取特征参数,取特征维数 $r_0 = 7$,用最近邻分类器进行分类,重复实验 30 次得到的识别率和消耗时间见表 5 - 5。从表中可以看出,时频图像的维数越低消耗的时间越少,但是维数降低到 $56 \times 42$ 以下时,故障诊断的识别率也大大降低,时频图像的维数为 $56 \times 42$ 时,既有很好的识别率,又节省了计算时间,因此,本书在用振动时频图像方法对内燃机进行故障诊断时,均用三次卷积插值方法,将原时频图像维数降为 $56 \times 42$。另外,从表中可以看出,MICEEMD - PWVD 和 KVMD - PWVD 方法生成的时频图像可以用于基于时频图像方法的故障诊断,两种方法的识别率相近。

表 5 - 5    图像降维对诊断结果的影响

| | 图像维数 | $14 \times 10$ | $28 \times 21$ | $56 \times 42$ | $112 \times 81$ | $140 \times 105$ |
|---|---|---|---|---|---|---|
| 识别率/（%） | MICEEMD - PWVD | 94.65 | 96.32 | 98.01 | 98.75 | 98.75 |
| | KVMD - PWVD | 94.32 | 95.87 | 98.12 | 98.68 | 98.75 |
| 消耗时间/s | MICEEMD - PWVD | 17.3 | 25.1 | 33.6 | 64.4 | 86.9 |
| | KVMD - PWVD | 17.5 | 25.2 | 33.4 | 64.2 | 86.8 |

## 5.4.4    不同分类器对诊断结果的影响

为说明不同分类器对时频图像识别结果的影响,选用 MICEEMD - PWVD 和 KVMD - PWVD 时频图像集对其进行验证。对于图像集中每种工况的 300 幅时频图像,用基于阈值的像素平均融合方法对相邻的 5 幅时频图像进行融合,得到每种工况各 60 幅融合后的时频图像,并用三次卷积插值法降维到 $56 \times 42$ 维,然后在两种方法融合后的时频图像中,每种工况随机抽取 30 幅图像组成训练集,其余 30 幅图像作为测试集。用 BLNMF 方法提取时频图像的特征参数,取特征维数 $r_0 = 7$,并分别用 BP 神经网络、最近邻和支持向量机三种方法进行分类,BP 神经网络和支持向量机的参数均是在多次实验后选择的最佳参数,重复实验 30 次得到的识别率见表 5 - 6。从表中可以看出,对基于 BLNMF 的内燃机故障诊断方法,选择不同分类器进行故障诊断,诊断结果也有很大的区别,从整体分类结果来看,BP 神经网络的识别率最低。究其原因是:BP 神经网络需要大量的样本进行训练,受到内燃机实际工作情况的限制,难以有大量样本进行训练,导致 BP 神经网络记忆的诊断知识存在先天性缺陷;而支持向量机和最近邻的诊断正确率高,说明这两种分类器都可以很好地对内燃机振动时频图像的 BLNMF 特征参数进行分类,在实际应用中建议选择最近邻方法对其进行分类,以避免支持向量机应用过程中的参数选择问题。

表 5-6　不同分类器对识别诊断的影响

|  | BPNN/(%) | NNC/(%) | SVM/(%) |
|---|---|---|---|
| MICEEMD - PWVD | 90.12 | 98 | 98 |
| KVMD - PWVD | 90.23 | 98.125 | 98.125 |

## 5.4.5　时频图像代数特征与视觉特征诊断结果对比

为说明内燃机振动时频图像代数特征与视觉特征结果的区别,以下选用 MICEEMD - PWVD 和 KVMD - PWVD 时频图像集对其进行验证。将图像集中每种工况的 300 幅时频图像用基于阈值的像素平均融合方法,对相邻的 5 幅时频图像进行融合,得到每种工况各 60 幅融合后的时频图像,并用三次卷积插值法降维到 $56 \times 42$ 维,然后在两种方法融合后的时频图像中,每种工况随机抽取 30 幅图像组成训练集,其余 30 幅图像作为测试集。分别用 GLCM、Hu 矩、Gabor、PCA、NMF、LNMF 和 BLNMF6 种方法对时频图像进行特征提取,特征维数是在多次验证后识别率最高的维数,并分别用 BP 神经网络、最近邻和支持向量机 3 种方法进行分类,得到的结果如图 5-5 和图 5-6 所示。从图中可以看出,在不同特征参数提取方法中,不管用何种分类器进行分类,视觉特征的 Gabor 特征、GLCM 和 Hu 矩的识别率均低于代数特征的 PCA 和 NMF 方法。视觉特征参数识别率整体较低,究其原因是,振动时频图像是灰度沿时间轴和频率轴的分布情况,不同的灰度和形状对应不同的频率分量,不同的坐标位置代表不同的时间和频率,振动时频图像特征对平移和旋转均较敏感,而对于纹理特征的 GLCM 和 Gabor 特征,当时频图像纹理之间的粗细、疏密等易于分辨的信息相差不大时,纹理特征很难准确反映出图像之间的差别,纹理特征不能区分具有不同时刻相同频率分量的时频图像;对于形状特征的 Hu 矩,相同形状的图像在平移、旋转和缩放时保持不变,在时频图像中,不同面积、不同位置的图像均代表不同时刻频率的变化,因此,为提高时频图像视觉特征的识别率和诊断的鲁棒性,建议对几种视觉特征参数进行融合。

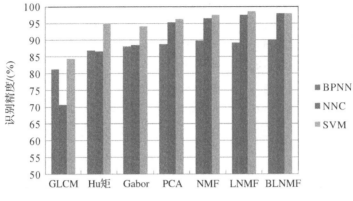

图 5-5　MICEEMD-PWVD 时频图像识别精度

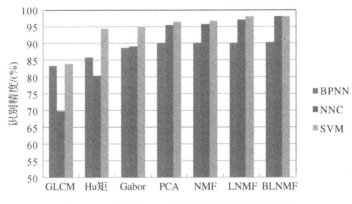

图 5-6　KVMD-PWVD 时频图像识别精度

# 5.5　本章小结

本章提出了基于分块局部非负矩阵分解的内燃机故障诊断方法,具体结论如下。

(1)用局部非负矩阵分解方法对时频图像进行特征提取时,如果增加某种故障工况的新训练样本或加入一类新的故障时,局部非负矩阵分解需要重新分解计算,影响实际适用效果,针对以上问题,本书提出用分块的思想对局部非负矩阵分解算法进行改进,进一步提出了分块局部非负矩阵分解方法,实验结果表明,该方法不但极大地提高了计算效率,而且具有很高的识别率。

　　(2)对融合后的时频图像进行识别验证,实验结果表明,基于拉普拉斯金字塔变换图像融合、PCA 图像融合和基于小波变换图像融合方法不但没有抑制内燃机循坏波动性的影响,反而在时频图像中引入了新的噪声,使识别率降低;加权平均融合方法在一定程度上抑制了内燃机循环波动性的影响,识别率得到提升;本书提出的基于阈值的像素平均融合方法识别率最高,说明该方法能有效抑制内燃机循环波动性的影响。

　　(3)对时频图像不同特征参数提取方法对于诊断结果的影响进行了验证,结果显示,代数特征提取方法(PCA、NMF、LNMF 和 BLNMF 方法)的识别率高于视觉特征(Gabor、Hu 矩和灰度共生矩阵)的识别率。

　　(4)验证了时频图像降维对诊断结果的影响,实验结果表明,用三次卷积插值方法对时频图像降维到合适的维数,不但不会影响诊断结果,而且极大地提高了计算效率。

　　(5)对不同分类器对诊断结果的影响进行验证,实验结果表明,对于基于分块局部分解的内燃机故障诊断方法,BP 神经网络的识别率较低,而支持向量机和最近邻分类器都有较好的分类结果,为降低诊断方法的复杂性,避免支持向量机参数的选择,可以使用最近邻方法来对内燃机的故障进行诊断。

# 第 6 章　基于时频图像视觉特征提取的内燃机故障诊断

　　第 5 章主要对基于代数特征的内燃机故障诊断方法进行了研究,本章将对基于视觉特征的内燃机故障诊断方法进行研究,根据 5.4 节的实验结果可知,对于时频图像特征参数提取来说,视觉特征的诊断正确率较低。振动时频图像识别的内容是灰度或颜色沿时间轴和频率轴的分布情况,不同的颜色、灰度和形状对应不同的频率分量构成,不同的坐标位置代表不同的时间和频率,振动时频图像特征对平移和旋转均较敏感。在利用视觉特征的纹理、颜色或者形状特征等来对时频图像进行识别时,当时频图像纹理之间的粗细、疏密等易于分辨的信息相差不大时,纹理特征很难准确反映出图像之间的差别,比如纹理特征不能区分不同时刻、相同频率分量的时频图像;颜色特征不能表达出空间分布的信息,而空间信息刚好与时频图像上的时间与频率相对应;对于形状特征,相同形状的图像在平移、旋转和缩放时保持不变,在时频图像上不同面积、不同位置的图像均代表了不同时刻频率的变化。因此,用单一特征对振动时频图像提取特征进行识别时,会影响诊断结果。

　　本章主要对基于视觉特征的内燃机故障诊断方法进行研究。针对振动时频图像的颜色特征不能区分特征体的空间位置信息,纹理特征不能区分具有不同时刻相同频率分量的时频图像,形状特征不能区分特征体位置和方向的问题,提出基于局部特征和全局特征融合的内燃机故障诊断方法,分别将局部特征的 Gabor 和全局特征的灰度共生矩阵和 Hu 矩对时频图像进行特征提取,然后用 BP 神经网络与 DS 证据理论相结合,对时频图像的局部和全局特征参数进行融合诊断。为解决传统 DS 证据理论的证据冲突问题,使用文献[143]的方法,引入网络不确定度分配,来消除证据冲突。实验结果表明,该方法有效提高了故障诊断正确率。

# 6.1　时频图像视觉特征的不足

根据第 2.2 节介绍的时频图像特征提取方法可以知道,常用的视觉特征有颜色特征、纹理特征、形状特征和空间关系特征四大类[144]。

时频图像的颜色特征属于全局特征,它描述了时频图像所对应频率分布的表面性质,颜色特征是基于像素点的特征,因此整个时频图像中的像素都有各自的贡献[145-148]。但是,颜色对时频图像频率分布区域的方向、大小等变化不敏感,不能很好地捕捉时频图像的局部特征,所以对于颜色特征,不能表达出时频图像特征体的空间分布的信息,而空间信息刚好与时频图像上的时间与频率相对应。

纹理特征描述了整个时频图像所对应时频图像特征体的表面性质[149-150]。与颜色特征不同,纹理特征不是基于像素点的特征,它需要在包含多个像素点的区域中进行统计计算,对于内燃机时频图像,这种区域性的特征刚好可以表征图像特征体面积的大小,在模式识别中这种特征具有较大的优越性,对于噪声有较强的抵抗能力,该方法广泛用于时频图像的特征提取中。但是用纹理特征对时频图像进行特征提取,也有其局限性,因为纹理特征是一种统计特征,当时频图像纹理之间的粗细、疏密等易于分辨的信息相差不大时,通过纹理特征很难准确反映出图像之间的差别,所以它不能区分具有不同时刻相同频率分量的时频图像。另外,纹理特征的另一个缺点是对时频图像的分辨率要求较高,当时频图像的分辨率变化的时候,所计算出来的纹理特征参数可能会有较大偏差。

形状特征包括面积、连通性、环行性、偏心率、主轴方向、不变矩等[151],用形状特征对振动时频图像进行特征提取也是目前常用的一种方法,但是它也存在一定的局限性:①振动信号受噪声干扰比较严重时会导致时频图像的特征体有变形,诊断结果往往不太可靠;②相同形状的图像在平移、旋转和缩放时保持不变,时频图像上不同面积、不同位置的图像均代表了不同时刻频率的变化,对于这样的时频图像,用形状特征难以区分。

时频图像的空间关系特征是指时频图像中分割出来的多个特征体之间的相互空间位置或相对方向的关系。通常空间位置信息可以分为两类:相对空间位置信息和绝对空间位置信息。前一种强调的是时频图像特征体之间的相对情况,后一种强调的是目标之间的距离以及方位,空间关系特征可加强对时频图像特征体的分布能力的鉴别,可以区分信号振动发生的时刻。但是,实际应用中,时频图像质量易受噪声干扰,会出现多余的时频分量,造成相同工况下时频图像中特征体的个数也可能不一样,难以确定特征体的空间位置信息。

内燃机不同工况的振动时频图像是灰度或颜色沿时间轴和频率轴的分布情况,其特征参数不同于目标识别和人脸识别等。时频图像中不同的颜色、灰度和形状对应不同的频率分量构成,不同的坐标位置代表不同的时间和频率。图6-1是两幅具有不同时频分布的仿真灰度时频图像,分别用最常用的颜色特征的颜色矩、纹理特征灰度共生矩阵和形状特征的Hu矩提取其特征参数,见表6-1,表6-2和表6-3。从图6-1(a)(b)中可以看出的,两时频图像特征体具有相同的灰度和形状,但是其频率分量出现的时刻不同,代表两振动信号不同时刻的频率强度,而用三种特征提取方法分别得到的特征参数相近,特征参数的可分性差。究其原因是,振动时频图像特征不同于人脸识别和目标识别等,对平移和旋转均较敏感,而颜色特征则不能区分特征体的空间位置信息;对于纹理特征,当时频图像纹理之间的粗细、疏密等易于分辨的信息相差不大时,纹理特征很难准确反映出图像之间的差别,不能区分具有不同时刻相同频率分量的时频图像;对于形状特征,相同形状的图像在平移、旋转和缩放时保持不变,时频图像上不同面积、不同位置的图像均代表了不同时刻频率的变化。因此,单独使用三种特征时,均未达到理想的效果。

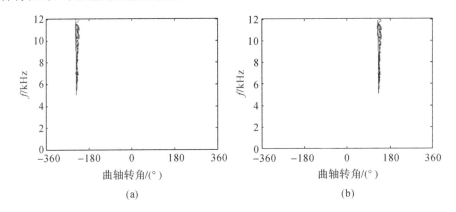

(a)                   (b)

图6-1　仿真时频图像

### 表6-1　颜色矩特征参数

|  | 一阶矩(均值) | 二阶矩(方差) | 三阶矩(偏度) |
|---|---|---|---|
| 图6-1(a) | 2.536 9 | 0.129 2 | 0.2265+0.392 3i |
| 图6-1(b) | 2.536 8 | 0.129 2 | 0.281 5+0.379 6i |

**表 6 - 2　灰度共生矩阵特征参数**

| | 二阶角矩 | 对比度 | 相关度 | 熵 | 和熵 | 差熵 | 均值和 | 方差 | 方差和 | 差方差 | 逆差矩 |
|---|---|---|---|---|---|---|---|---|---|---|---|
| 图 6 - 1 (a) | 0.970 1 | 142.875 2 | 0.003 3 | 1.432 5 | 3.015 6 | 0.664 8 | 0.985 0 | 181.738 2 | 64 055 | 147.414 1 | 0.987 5 |
| 图 6 - 1 (b) | 0.968 8 | 142.490 6 | 0.003 5 | 1.432 2 | 3.660 7 | 0.630 7 | 0.984 4 | 181.623 1 | 64 014 | 147.019 6 | 0.987 0 |

**表 6 - 3　Hu 矩特征参数**

| | $\Phi_1$ | $\Phi_2$ | $\Phi_3$ | $\Phi_4$ | $\Phi_5$ | $\Phi_6$ | $\Phi_7$ |
|---|---|---|---|---|---|---|---|
| 图 6 - 1(a) | 7.287 8 | 17.125 5 | 32.182 0 | 32.346 7 | 65.259 4 | 40.986 0 | 64.770 9 |
| 图 6 - 1(b) | 7.287 2 | 17.121 2 | 32.259 5 | 32.282 7 | 65.196 7 | 40.966 0 | 64.791 9 |

振动时频图像的某个特定特征,通常有多种表达方法,人们主观认识上的千差万别,导致对于某个特征并不存在一个最佳的表达方式。事实上,图像特征的不同表达方式从多个不同的角度刻画了该特征的某些性质。在众多的图像特征中,每种特征表征了图像的全局或局部的特征性。时频图像的全局特征能够有效表征振动时频图像整体轮廓的特征,可以更好地表征时频图像的各频率分量的幅值;局部特征反映的是图像的部分属性,它侧重的是时频图像的细节特征,它对各频率分量所对应的时间和频率坐标有一定的鲁棒性。

全局特征的灰度共生矩阵可以表征时频图像的频率分量的强度,可以反映出内燃机振动信号剧烈振动发生的情况,Hu 矩可以表征时频图像不同频率分量,特征体的形状与时频图像特征体的边界有关,而与其内部的颜色变化无关,反映了内燃机振动信号频率随时间的变化情况;局部特征的 Gabor 特征刚好可以表征时频图像不同频率分量的位置,反映内燃机信号振动发生的时刻。3 种特征组合在一起,刚好可以完整表征整个时频图像。基于以上思想,本书提出一种基于时频图像局部特征和全局特征融合的内燃机故障诊断方法。用灰度共生矩阵、Hu 矩和 Gabor 这 3 种方法对振动时频图像进行特征提取,然后将特征参数输入 3 个不同的 BP 神经网络中,根据 BP 神经网络的识别状态建立基本概率赋值,最后用 DS 证据理论进行决策融合,以提高内燃机故障诊断的准确性和可靠性。

# 6.2 D-S证据理论

证据理论(Evidence Theory)是一种有效的不确定性推理方法,比传统的概率论方法能更好地把握问题的未知性与不确定性。此外,证据理论提供了证据的合成方法,能够融合多个证据源提供的证据。因此,证据理论被成功地应用于信息融合领域。

证据理论最初由 Dempster 于 1967 年提出,用多值映射得出概率的上、下界[152],后来由 Shafer 在 1976 年推广形成[153],因此,又称为 D-S证据理论。类似于贝叶斯推理,D-S证据理论用先验概率赋值函数来表示后验的证据区间,量化了命题的可信程度和似然率。

## 6.1.1 辨识框架

辨识框架(Frame of Discernment) $\Theta$ 表示人们对于某一判决问题所能认识到的所有可能的结果(假设)的集合,人们所关心的任一命题都对应于 $\Theta$ 的一个子集。若一个命题对应于辨识框架的一个子集,则称该框架能够识别该命题。

本书所讨论的 $\Theta$ 都假定为有限集,包含 $N$ 个互斥且穷举的假设,即

$$\Theta = \{H_1, H_2, \cdots, H_N\} \tag{6-1}$$

例如,在模式识别中,模式空间是由 $M$ 个互不相交的模式类集合 $\{\omega_1, \omega_2, \cdots, \omega_M\}$ 组成的,此时,辨识框架为 $\Theta = \{\omega_1, \omega_2, \cdots, \omega_M\}$。

辨识框架是证据理论的基石,利用辨识框架可以将命题和子集对应起来,从而可以把比较抽象的逻辑概念转化为比较直观的集合概念,进而把命题之间的逻辑运算转化为集合论运算。例如,两个命题的析取、合取和蕴含分别对应于集合的并、交和包含,命题的否定对应集合的补集。

证据理论是建立在辨识框架基础上的推理模型,其基本思想如下:

(1)建立辨识框架 $\Theta$,利用集合论方法来研究命题。

(2)建立初始信任度分配。根据证据提供的信息,分配证据对每一集合(命题) $A$ 本身的支持程度,该支持程度不能再细分给 $A$ 的真子集(由于缺乏进一步的信息)。

(3)根据因果关系,计算所有命题的信任度。一个命题的信任度等于证据对它的所有前提的初始信任度之和。这是因为,若证据支持一个命题,则它同样支持该命题的推论。

（4）证据合成。利用证据理论合成公式，融合多个证据提供的信息，从而得到各命题融合后的信任度。

（5）根据融合后的信任度进行决策。一般选择信任度最大的命题。

## 6.1.2　基本概率赋值函数、信任函数、似真函数与共性函数

在证据理论中，用基本概率赋值函数（Basic Probability Assignment，BPA）来表示初始信任度分配，用信任函数（Belief Function）来表示每个命题的信任度。基本概率赋值函数也被称为基本信任分配（Basic Belief Assignment，BBA）函数。

对于辨识框架 $\Theta$，问题域中任意命题 $A$ 都应属于幂集 $2^{\Theta}$，即 $A$ 是 $\Theta$ 的子集。

定义 1　幂集 $2^{\Theta}$ 上的基本概率赋值函数 $m$ 定义为 $m : 2^{\Theta} \rightarrow [0,1]$，满足

$$m(\Phi) = 0 \tag{6-2a}$$

$$\sum_{A \subseteq \Theta} m(A) = 1 \tag{6-2b}$$

式中：$m(A)$ 表示证据支持命题 $A$ 发生的程度。$m(A)$ 表示证据对 $A$ 本身的信任度，不能再细分给 $A$ 的真子集（由于缺乏进一步的信息）。条件式（6-2a）表示证据对于空集 $\Phi$（空命题）不产生任何信任度，条件式（6-2b）表示所有命题的信任度值之和等于 1，即总信任度为 1。

定义 2　若 $m(A) > 0 (A \subseteq \Theta)$，则称 $A$ 为证据的焦元（Focus Element），所有焦元的集合称为核。

定义 3　幂集 $2^{\Theta}$ 上的信任函数 bel（Belief Function）与似真函数 pl（Plausibility Function）定义为

$$\text{bel}(A) = \sum_{B \subseteq A} m(B) \quad (\forall A \subseteq \Theta) \tag{6-3}$$

$$\text{pl}(A) = \sum_{B \cap A \neq \Phi} m(B) = 1 - \text{bel}(\bar{A}) \quad (\forall A \subseteq \Theta) \tag{6-4}$$

式中：$\bar{A}$ 为 $A$ 的补集。

由式（6-4）可知：

$$\text{bel}(A) \leqslant \text{pl}(A) \tag{6-5}$$

信任函数 bel($A$) 表示证据完全支持 $A$ 的程度；似真函数 pl($A$) 表示证据不反对命题 $A$ 的程度；区间 [bel($A$), pl($A$)] 构成证据不确定区间，表示命题的不确定程度，如图 6-2 所示。

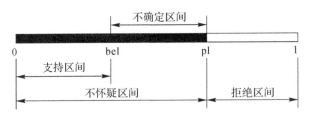

图 6－2  命题的不确定性表示

信任函数 bel 满足以下 3 个条件,即

$$\text{bel}(\Phi) = 0 \qquad\qquad (6-6a)$$

$$\text{bel}(\Theta) = 1 \qquad\qquad (6-6b)$$

$$\text{bel}(A_1 \bigcup A_2 \bigcup \cdots \bigcup A_n) \geqslant \sum_{\substack{I \subseteq \{1,2,\cdots,n\} \\ I \neq \Phi}} (-1)^{|I|+1} \text{bel}(\bigcap_{i \in I} A_i) \quad (6-6c)$$

式中:$n$ 为任意正整数;$A_1,A_2,\cdots,A_n$ 为 $\Theta$ 的任意 $n$ 个子集;$|I|$ 表示集合 $I$ 中的元素的个数。特征性地取 $n = 2, A_2 = \bar{A}_1$,可得

$$\text{bel}(A) + \text{bel}(\bar{A}) \leqslant 1 \quad (\forall A \subseteq \Theta) \qquad\qquad (6-7)$$

定义 4  幂集 $2^\Theta$ 上的共性函数(Commonality Function)定义为

$$Q(A) = \sum_{A \subseteq B} m(B) \quad (\forall A \subseteq \Theta) \qquad\qquad (6-8)$$

式中:$Q(A)$ 是所有以命题 $A$ 为前提的命题的基本概率赋值函数之和,也就是说,在证据出现后,命题 $A$ 作为前提的支持程度。

基本概率赋值函数、信任函数、似真函数与共性函数包含的信息量是一样的,它们之间可以相互推导。事实上,除了式(6-3)、式(6-4)和式(6-8)给出的定义以外,还有以下 3 个等式成立,即

$$m(A) = \sum_{B \subseteq A} (-1)^{|A \backslash B|} \text{bel}(B) \quad (\forall A \subseteq \Theta) \qquad (6-9)$$

$$\text{bel}(A) = \sum_{B \subseteq A} (-1)^{|B|} Q(B) \quad (\forall A \subseteq \Theta) \qquad (6-10)$$

$$Q(A) = \sum_{B \subseteq A} (-1)^{|B|} \text{bel}(\bar{B}) \quad (\forall A \subseteq \Theta) \qquad (6-11)$$

## 6.1.3  Dempster 合成公式

证据理论和合成公式是证据推理的基础,使人们能合成多个证据源提供的证据。假设 $\text{bel}_1, \text{bel}_2, \cdots, \text{bel}_n$ 是辨识框架 $\Theta$ 上 $n$ 个不同证据对应的信任函数,若这些证据相互独立,且不完全冲突,则可以利用证据理论的合成公式计算出一

个新的信任函数 $bel_\oplus = bel_1 \oplus bel_2 \oplus \cdots \oplus bel_n$。$bel_\oplus$ 称为 $bel_1, bel_2, \cdots, bel_n$ 之和,是 $n$ 个不同证据合成产生的信任函数。一般对 $n$ 个不同证据对应的基本概率赋值函数 $m_1, m_2, \cdots, m_n$ 进行合成,得到新的基本概率赋值函数为 $m_\oplus = m_1 \oplus m_2 \oplus \cdots \oplus m_n$,进而根据式(6-3)、式(6-4)和式(6-8)分别计算,得到新的信任函数 $bel_\oplus$、似真函数 $pl_\oplus$ 和共性函数 $Q_\oplus$。

Dempster 合成公式是证据理论的最基本的合成公式,其表达式为

$$m_\oplus (\Phi) = 0 \tag{6-12a}$$

$$m_\oplus (A) = \frac{1}{1-k} \sum_{A_{i1} \cap A_{i2} \cap \cdots \cap A_{in} = A} m_1(A_{i1}) \cdot m_2(A_{i2}) \cdots m_n(A_{in}) \quad (\forall A \subseteq \Theta) \tag{6-12b}$$

$$k = \sum_{A_{i1} \cap A_{i2} \cap \cdots \cap A_{in} = \Phi} m_1(A_{i1}) \cdot m_2(A_{i2}) \cdots m_n(A_{in}) \tag{6-12c}$$

$k$ 为证据之间的冲突概率,反映了证据之间冲突的程度;归一化因子 $1/(1-k)$ 的作用就是避免在合成时将非 0 的概率赋给空集 $\Phi$。

Dempster 合成公式满足交换律和结合律,即

$$m_1 \oplus m_2 = m_2 \oplus m_1 \tag{6-13a}$$

$$(m_1 \oplus m_2) \oplus m_3 = m_1 \oplus (m_2 \oplus m_3) \tag{6-13b}$$

由 Dempster 合成公式得到的共性函数 $Q_\oplus$ 满足

$$Q_\oplus (A) = \frac{1}{1-k} \prod_{i=1}^{n} Q_i(A) \quad (\forall A \subseteq \Theta) \tag{6-14}$$

式中:$Q_i$ 是对应于基本概率赋值函数 $m_i$ 的共性函数,$i = 1, 2, \cdots, n$。

对于式(6-12b),当 $k = 1$ 时,证据之间矛盾,Dempster 合成公式无法使用。此外,若 $k \to 1$ 时,证据高度冲突,式(6-12b)将会产生有悖常理的结果。

Dempster 合成公式不能有效解决冲突证据合成,主要表现在以下 4 个方面:

(1)Dempster 合成公式可能把 $100\%$ 的确定性赋予少数意见[154]。

(2)Dempster 合成公式不能平衡多个证据,即在多个证据合成中,由于证据冲突,可能会失去占主导地位的多数意见[155]。例如,绝大多数证据支持 $H_1$(支持程度接近 1),只要有一个证据彻底不支持 $H_1$(支持程度为 0),那么合成的结果可能彻底反对 $H_1$。

(3)只要有一个证据彻底不支持未知领域 $\Theta$,即 $m(\Theta) = 0$,那么合成的结果对 $\Theta$ 的支持永远为 0。

(4)元素较多的命题得到的信任分配可能很少,与单个元素的命题相比,所占比例非常少。这是因为,当某个命题的元素越多时,各证据能够为该命题提供

支持的证据数量就可能越少,从而合成后获得的信任分配可能很少。

为了解决冲突证据合成问题,许多学者进行研究,提出了一些改进的合成公式[156-159],Lefevre 和 Li 给出了这些改进公式的一般性框架[160]。冲突证据的合成方法可分为两类,即可靠信息源的合成与不可靠信息源的合成。

## 6.1.4　冲突证据的合成

### 1.证据冲突的原因

证据冲突产生的原因主要有:

(1)不正常的传感器测量能够引起合成中出现冲突概率。证据获取中传感器的缺陷,或者学习过程中传感器的校准偏差较大,或者辨识框架不完备(如出现新的类别)等,都可能引起异常的传感器测量。

(2)不精确的信任函数模型可能引起冲突。在大多数的模型中,基本概率赋值函数是从邻域信息(依赖于距离的选择)或似然函数中导出来的。不合适的距离度量或估计不精确的似然函数使信任函数产生偏差,从而引起证据冲突。

(3)证据自身的不确定性可能引起冲突。即使所有证据的信任函数都一样,它们之间可能产生冲突。例如,$J$ 个信息源都具有以下相同的概率赋值函数:$m_j(H_1) = 0.8, m_j(H_2) = 0.15, m_j(\Theta) = 0.05$,其中证据的大多数信任赋予 $H_1$。当 $J = 2$ 时,冲突概率近似为 $25\%$;当 $J = 10$ 时,冲突概率接近 $80\%$。

### 2.可靠信息源的合成

与 Dempster 一样,Smets 假设所有信息源是可靠的,Smets 认为,引起冲突的原因是辨识框架不完备,因此,Smets 保留冲突概率 $m(\Phi)$,不对其进行归一化处理。$\Phi$ 用来表示在原始辨识框架中没有考虑的一个或几个假设。Smets 合成公式为[161]

$$m_S(\Phi) = m_\cap(\Phi) \tag{6-15a}$$

$$m_S(A) = m_\cap(A) \quad (\forall A \subseteq \Theta) \tag{6-15b}$$

式中:$m_\cap(A)$ 为证据的交运算,则

$$m_\cap(A) = \sum_{A_{i1} \cap A_{i2} \cap \cdots \cap A_{in} = A} m_1(A_{i1}) \cdot m_2(A_{i2}) \cdots m_n(A_{in}) \tag{6-15c}$$

式中:$m_\cap(\Phi)$ 为证据之间的冲突概率。

### 3.不可靠信息源的合成

假设辨识框架是完备的,证据冲突是由不可靠的信息源引起的。Yager[162] 把支持证据冲突的那部分概率全部赋给了未知领域 $\Theta$。Yager 合成公式为

$$m_Y(\Phi) = 0 \tag{6-16a}$$

$$m_A(\Phi) = m_\cap(A) \quad (\forall A \neq \Phi, \Theta) \tag{6-16b}$$

$$m_Y(\Theta) = m_\cap(\Theta) + m_\cap(\Phi) \tag{6-16c}$$

Yager 公式用于两个证据源时,效果较好,但是,当证据源多于两个时,合成结果可能不理想。

Dubois[163] 提出了另一种合成公式。以两个信息源合成为例,假设信息源 $S_1$ 支持命题 $B$ 的基本概率为 $m_1(B)$,信息源支持命题 $C$ 的基本概率为 $m_2(C)$,当 $B$ 和 $C$ 相交为空时,即 $B \bigcap C = \phi$,把对应的部分冲突概率 $m_1(B) \cdot m_2(C)$ 分配给 $B \bigcap C$。Dubois 合成公式为

$$m_D(\Phi) = 0 \tag{6-17a}$$

$$m_D(A) = m_\cap(A) + \sum_{\substack{B \bigcup C = A \\ B \bigcap C = \phi}} m_1(B) \cdot m_2(C) \quad (\forall A \subseteq \Theta) \tag{6-17b}$$

在冲突概率的分配上,Dubois 合成公式比 Yager 公式具有更好的适应性和针对性。

折扣系数法(Discounting Coefficient)也是一种有效的合成不可靠信息源的方法。设 $m_j$ 为信息源 $S_j$ 提供的基本概率赋值函数,$\alpha_j(0 \leqslant \alpha_j \leqslant 1)$ 为 $S_j$ 的信任度程度,$j = 1,2,\cdots,n$。$\alpha_j = 0$ 表示彻底怀疑信息源 $S_j$ 的可靠性;$\alpha_j = 1$ 表示完全信任 $S_j$。折扣系数法首先用 $\alpha_j$ 对 $m_j$ 分别做折扣处理,得到新的基本概率赋值函数 $m_{\alpha j,j}$,再利用 Dempster 合成公式合成 $m_{\alpha j,j}$,$j = 1,2,\cdots,n$。$m_{\alpha j,j}$ 定义为

$$m_{\alpha j,j}(A) = \alpha_j m_j(A) \quad (\forall A \neq \Theta) \tag{6-18a}$$

$$m_{\alpha j,j}(\Theta) = 1 - \alpha_j + \alpha_j m_j(\Theta) \quad (\forall A \neq \Theta) \tag{6-18b}$$

折扣系数法的主要问题就是折扣系数难以有效确定。

Murphy[155] 认为对各证据做平均处理是解决归一化问题的最好方法,但是,平均处理不能收敛到确定性。因此,对于 $n$ 个证据 $m_1, m_2, \cdots, m_n$ 的合成,Murphy 平均法先对 $n$ 个证据做平均处理,得到均值证据为

$$m_a = \frac{m_1 + m_2 + \cdots + m_n}{n} \tag{6-19}$$

再利用 Dempster 合成公式对 $m_a$ 进行 $n-1$ 次合成,即

$$m_\oplus = \underbrace{m_a \oplus m_a \oplus \cdots \oplus m_a}_{n-1次} \tag{6-20}$$

Murphy 平均法中对各证据的权重相同,Deng 加权平均法[160] 认为不同的证据对最终决策的影响不一样,应采用不同的权重,把平均处理改为加权平均,即

$$m_{wa} = \sum_{j=1}^{n} \alpha_j m_j \tag{6-21}$$

式中：$\alpha_j (0 \leqslant \alpha_j \leqslant 1)$ 为证据 $m_j$ 的权重，且满足

$$\sum_{j=1}^{n} \alpha_j = 1 \tag{6-22}$$

$\alpha_j$ 是根据证据之间的距离确定的。类似于 Murphy 平均法，利用 Dempster 合成公式对 $m_{\text{适}}$ 进行 $n-1$ 次合成。

4. 证据合成的一般性框架

Lefevre[160] 给出了冲突证据合成的一般性框架，即把证据之间的冲突概率 $m_\cap (\Phi)$ 分配给各个命题。$n$ 个证据 $m_1, m_2, \cdots, m_n$ 的合成一般性的框架为

$$m(\Phi) = 0 \text{ 或 } m(\Phi) = f(\Phi) \tag{6-23a}$$

$$m(A) = m_\cap (A) + f(A) \quad (\forall A \neq \Phi) \tag{6-23b}$$

式中：$f(A)$ 为证据冲突概率的分配函数，满足

$$f(A) \geqslant 0 \quad (\forall A \in 2^\Theta) \tag{6-24a}$$

$$\sum_{A \subseteq \Theta} f(A) = m_\cap (\Phi) \tag{6-24b}$$

根据证据合成的一般性框架，选择合理的证据冲突概率的分配函数 $f(A)$，可以得到不同的合成公式。Dempster 合成公式、Yager 合成公式、Smets 合成公式、Dubois 合成公式和折扣系数法都符合一般性框架。

至于在实际应用中采用哪种方法来处理冲突证据的合成，Lefevre[160] 给出了以下建议：如果信息源完全可靠，在辨识框架完备的情况下采用 Dempster 合成公式，如果辨识框架不完备则采用 Smets 合成公式；如果信息源不可靠，则优先选用折扣系数法，其次采用其他不可靠信息源合成公式的一种。本书在使用 D-S 证据理论时，选用折扣系数法来解决 Dempster 合成公式冲突证据合成问题。

# 6.3 基于时频图像局部特征和全局特征融合的内燃机故障诊断

## 6.3.1 诊断方法的步骤和算法流程

基于时频图像局部特征和全局特征融合的内燃机故障诊断方法可分为 3 个主要步骤：时频图像特征参数提取、BP 神经网络预测和局部与全局特征融合决策诊断。其故障诊断方法的整体流程如图 6-3 所示。

(1)时频图像特征参数提取:先对内燃机采集振动信号;然后对振动信号进行时频分析,生成振动时频图像;再对生成的振动时频图像进行融合和降维预处理;最后对每幅时频图像分别提取 Gabor、Hu 矩和 GLCM 三种特征参数。

(2)BP 神经网络预测:先对 BP 神经网络进行训练,设置 BP 神经网络的参数、学习率和隐含层神经元个数等,将特征参数进行归一化处理,训练 BP 神经网络;然后对测试特征参数归一化,输入训练好的 BP 神经网络中进行预测。

(3)局部与全局特征融合决策诊断:先对 BP 神经网络的预测结果计算网络不确定度分配和基本概率赋值;然后对各证据体的基本概率赋值进行证据合成;最后根据决策规则判断内燃机的故障类型,完成对内燃机的故障诊断。

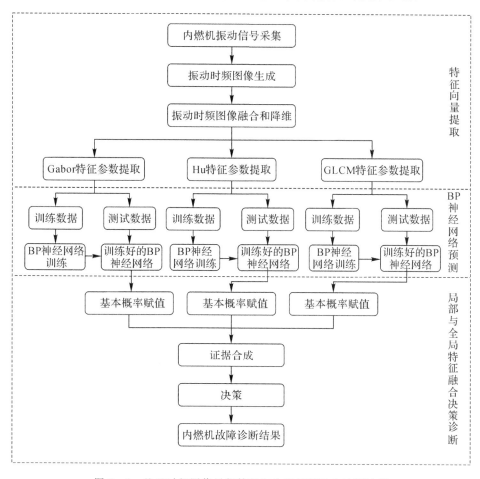

图 6-3　基于时频图像局部特征和全局特征融合诊断流程

## 6.3.2　基本概率分配函数的构造

在对内燃机进行故障诊断时,需要根据内燃机振动信号表现出的故障征兆,判断内燃机是否发生故障以及是何种故障类型,基于时频图像局部特征和全局特征融合的内燃机故障诊断方法的故障征兆,是从振动时频图像的局部特征参数和全局特征参数信息中得到的,因此,用于内燃机故障诊断的每一种特征参数信息都被看作判断某种故障发生的证据。如果要对时频图像不同种类特征参数提供的证据进行合成,首先要根据现有的证据建立基本概率分配函数。

对于基本概率分配函数,在 D-S 证据理论中并没有给出一般形式,要根据具体问题构造具体形式。在基于时频图像局部特征和全局特征融合的内燃机故障诊断方法中,将单个种类特征参数的 BP 神经网络诊断结果转化为 D-S 证据理论的基本概率分配函数。

假设内燃机有 $M$ 个故障状态,对应证据理论的识别框架中的 $M$ 个故障状态,同时,若诊断系统共有 $p$ 种时频图像特征参数的诊断 BP 神经网络,每个 BP 神经网络的输出节点同样为 $M$ 个,分别对应 $M$ 个故障状态。设第 $i$ ($i = 1, 2, \cdots, p$) 个网络的第 $j$ 个节点(第 $j$ 个故障状态)的输出为 $O_i(j)$,由 BP 神经网络的输出值范围可知:$0 \leqslant O_i(j) \leqslant 1$。每种特征参数的分类能力是不同的,因此每个 BP 神经网络存在一个可靠性系数 $A$,即证据的折扣,它表示对专家判定结果的信任程度。设第 $i$ 个 BP 神经网络由特征参数进行局部诊断的可靠性为 $A_i$,那么它对应的在本证据的基础上对 $j$ 状态的基本概率分配为

$$m_i(j) = \frac{O_i(j)}{\sum\limits_{j=1}^{M} O_i(j)} \cdot A_i \qquad (i = 1, 2, \cdots, p \; ; j = 1, 2, \cdots, M) \qquad (6-25)$$

$$m_i(\Theta) = 1 - A_i \qquad (i = 1, 2, \cdots, p) \qquad (6-26)$$

式中:$m_i(j)$ 代表第 $i$ 个证据对 $j$ 状态的基本概率分配,$m_i(\Theta)$ 表示根据第 $i$ 个证据不能确定的基本概率分配,也就是不能判断内燃机发生某种故障的可能性。然后,可进一步求取信度函数 bel 和似真度函数 pl,根据 bel 和 pl 的值来判断系统所在状态的可能性。

## 6.3.3　网络不确定度分配的确定

为解决 Dempster 合成公式冲突证据合成问题,本书采用折扣系数法在确定各证据体的折扣系数时,使用文献[143]的方法,引入网络不确定度分配函数

作为折扣系数来解决冲突证据合成的问题。

BP 神经网络对内燃机各种故障诊断的不确定度用 $m(\Theta)$ 表示,其大多是由专家给出或根据经验确定的,对于具体的诊断情况,$m(\Theta)$ 参数的适应性和针对性有时并不能反映 BP 神经网络的实际情况,本书结合内燃机故障诊断的特点,采用以下方法来求取网络的不确定度分配函数。

### 1. 距离和贴近度

设 BP 神经网络的输出有 $M$ 个节点,即对应 $M$ 种状态(正常与故障情况),$\{Y_j\}$ 为 BP 神经网络 $M$ 种状态对应的理想输出,$Y_j = \{y_{j1}, y_{j2}, \cdots, y_{jM}\}$,$(j = 1, 2, \cdots, M)$,$\{X_i\}$ 为 BP 神经网络对已知的 $M$ 种状态验证样本经 BP 神经网络计算的实际输出,$X_i = \{x_{i1}, x_{i2}, \cdots, x_{iM}\}$,$(i = 1, 2, \cdots, M)$,二者存在一一对应关系。

取 $\{X_i\}$ 中一个实际输出 $X_k(k = 1, 2, \cdots, M)$,则实际输出与标准理想输出的 Manhattan 距离为

$$d_{kj}(X_k, Y_j) = \sum_{l=1}^{M} \mid x_{kl} - y_{jl} \mid \tag{6-27}$$

由式(6-27)可以看出,距离表示实际输出与理想输出的贴近程度。距离越小,贴近程度越高;距离越大,贴近程度越低。

### 2. 相关性度量

根据式(6-27)中距离的意义,定义理想输出与实际输出的相关系数为

$$C_{kj}(F_j) = (1/d_{kj}) / \sum_{j=1}^{M} (1/d_{kj}) \tag{6-28}$$

### 3. 基本概率分配

根据相关性的定义,$X_k$ 的基本概率分配 $m_k(F_j)$ 以及不确定描述 $m_k(\Theta)$ 可以分别由下式求得:

$$m_k(F_j) = \frac{C_{kj}(F_j)}{\sum\limits_{j=1}^{M} C_{kj}(F_j) + R_k} \tag{6-29}$$

$$m_k(\Theta) = \frac{R_k}{\sum\limits_{j=1}^{M} C_{kj}(F_j) + R_k} \tag{6-30}$$

式中:$R_k = 1 - a_k \cdot (1 - \beta_k)$,为诊断过程的总体不确定性。

$$a_k = C_{km}(F_m) - \max_{j \neq m}\{C_{kj}(F_j)\} \tag{6-31}$$

$$C_{km}(F_m) = \max_j\{C_{kj}(F_j)\} \tag{6-32}$$

式中：$a_k$ 为实际输出 $X_k$ 与理想输出集中最大相关系数与次大相关系数的相关性差值，该值反映了与 $X_k$ 输出具有最大相关系数的理想输出在理想输出集中的突出程度。$a_k$ 的值在融合过程中从输出向量的相关性突出程度方面反映了诊断的可靠性。

定义：

$$\mu_k = \frac{1}{M-1}\sum_M C_{kj}(F_j) \tag{6-33}$$

式中：$\mu_k$ 为除 $X_k$ 与理想输出的最大相关系数外，$X_k$ 输出与其他理想输出的相关系数的均值。

$$\beta_k = \sqrt{\frac{1}{M-1}\sum_M \left[C_{kj}(F_j) - \mu_k\right]^2} \tag{6-34}$$

$\beta_k$ 为除去 $X_k$ 与理想输出集中的最大相关系数外，其余相关系数的方差。$\beta_k$ 反映了在决策过程中，除去具有最大相关系数的理想输出外，$X_k$ 与其余理想输出相关系数的密集程度，$\beta_k$ 的值反映了决策结论的可靠性。$\mu_k$，$\beta_i$ 值越小，说明分类效果越好，可靠性越高。

按上面的步骤，依次求出 $M$ 种状态实际输出的不确定分配，$m_k(\Theta)$ 表示网络对第 $k$ 种状态验证样本输出的不确定描述。有 $M$ 种输出的网络的总体不确定度分配为

$$m(\Theta) = \frac{1}{M}\sum_{k=1}^{M} m_k(\Theta) \tag{6-35}$$

$m(\Theta)$ 即为对网络诊断输出的总的不确定度分配。实际应用中，我们可以多取几组验证样本的输出，对各自的不确定度求平均来作为网络对此种状态的输出不确定度分配。

## 6.3.4　基于证据理论的决策

设 $\Theta$ 为识别框架，$\exists A_1, A_2 \subset \Theta$，满足

$$\begin{cases} m(A_1) = \max(m(A_i), A_i \subset \Theta) \\ m(A_2) = \max(m(A_i), A_i \subset \Theta) \text{ 且 } A_i \neq A_1 \end{cases}$$

若有

$$\begin{cases} m(A_1) - m(A_2) > \varepsilon_1 \\ m(\Theta) < \varepsilon_2 \\ m(A_1) > m(\Theta) \end{cases}$$

则 $A_1$ 为判决结果，其中 $\varepsilon_1$ 和 $\varepsilon_2$ 为预先设定的门限。

# 6.4　实　例　分　析

为验证基于时频图像局部特征和全局特征融合的内燃机故障诊断方法的有效性,本节对内燃机气门间隙故障进行诊断。采集 8 种工况的内燃机缸盖振动信号,每种工况有 300 个振动信号,共 2 400 个振动信号。分别用 MICEEMD - PWVD 方法和 KVMD - PWVD 方法对振动信号进行分析,生成灰度时频图像,用基于阈值的像素平均融合方法将每种工况相邻的 5 幅时频图像进行融合,融合后每种工况有 60 幅时频图像,共 480 幅时频图像,随机抽取每种工况 30 幅时频图像作为训练集,其余 30 幅时频图像作为测试集,然后用三次卷积插值法将时频图像降维到 $56 \times 42$。

下面以 MICEEMD - PWVD 时频图像为例说明实验计算过程。分别用 Gabor、Hu 矩和 GLCM 三种方法提取内燃机振动时频图像的特征参数,其特征参数见表 6 - 4、表 6 - 5 和表 6 - 6,用训练集的三种特征参数构造三个 BP 神经网络。用已知的测试样本对各特征参数 BP 神经网络性能进行测试,用公式(6 - 35)计算各 BP 神经网络的总体不确定度分配,得到三个 BP 神经网络的总体不确定度分配为 $m_1(\Theta) = 0.117, m_2(\Theta) = 0.128, m_3(\Theta) = 0.178$,各 BP 神经网络的可靠性参数为 $A_1 = 0.883, A_2 = 0.872, A_3 = 0.822$。

表 6 - 4　不同工况时频图像的 Gabor 特征参数

| 工　况 | Gabor 特征参数 | | | | | |
|---|---|---|---|---|---|---|
| | Ⅰ | Ⅱ | Ⅲ | Ⅳ | Ⅴ | Ⅵ |
| 工况 1 | 1 493.63 | 302.47 | 367.39 | 312.63 | 12.48 | 47.56 |
| 工况 2 | 239.65 | 1 150.82 | 492.47 | 520.18 | 181.08 | 196.93 |
| 工况 3 | 405.22 | 1 192.41 | 487.28 | 228.74 | 71.48 | 224.88 |
| 工况 4 | 664.32 | 1 062.22 | 726.10 | 563.16 | 255.24 | 159.77 |
| 工况 5 | 157.77 | 496.39 | 125.30 | 139.39 | 11.96 | 215.18 |
| 工况 6 | 455.65 | 62.01 | 1 284.78 | 223.49 | 2.42 | 250.07 |
| 工况 7 | 34.38 | 36.37 | 219.57 | 6.96 | 69.50 | 287.58 |
| 工况 8 | 585.76 | 1 192.18 | 667.23 | 70.17 | 410.21 | 199.28 |

表 6-5　不同工况时频图像的 Hu 矩特征参数

| 工　况 | Hu 矩特征参数 | | | | | | |
|---|---|---|---|---|---|---|---|
| | I | II | III | IV | V | VI | VII |
| 工况 1 | 7.28 | 17.10 | 34.53 | 33.09 | 68.81 | 42.27 | 66.91 |
| 工况 2 | 7.34 | 17.11 | 34.64 | 33.33 | 68.83 | 42.41 | 67.34 |
| 工况 3 | 7.12 | 17.10 | 33.31 | 34.12 | 70.43 | 44.06 | 67.85 |
| 工况 4 | 7.31 | 17.10 | 32.85 | 33.73 | 68.92 | 44.09 | 67.04 |
| 工况 5 | 7.21 | 17.11 | 33.12 | 34.25 | 69.79 | 43.69 | 67.96 |
| 工况 6 | 7.35 | 17.11 | 33.28 | 34.21 | 70.41 | 43.80 | 67.96 |
| 工况 7 | 7.67 | 17.11 | 33.76 | 33.73 | 69.56 | 43.36 | 67.49 |
| 工况 8 | 7.29 | 17.10 | 33.16 | 33.31 | 71.23 | 42.87 | 66.55 |

表 6-6　不同工况时频图像的 GLCM 特征参数

| 工　况 | GLCM 特征参数 | | | | | | | | | | |
|---|---|---|---|---|---|---|---|---|---|---|---|
| | I | II | III | IV | V | VI | VII | VIII | IX | X | XI |
| 工况 1 | 0.79 | 0.52 | 0.59 | 251.95 | 0.93 | 0.57 | 34.49 | 11.16 | 0.70 | 0.19 | 0.47 |
| 工况 2 | 0.83 | 0.43 | 0.77 | 252.59 | 0.94 | 0.47 | 33.97 | 7.40 | 0.58 | 0.15 | 0.39 |
| 工况 3 | 0.87 | 0.33 | 1.16 | 253.12 | 0.95 | 0.37 | 33.43 | 4.48 | 0.47 | 0.12 | 0.31 |
| 工况 4 | 0.87 | 0.46 | 0.86 | 252.82 | 0.95 | 0.38 | 33.36 | 4.87 | 0.48 | 0.13 | 0.43 |
| 工况 5 | 0.85 | 0.31 | 1.18 | 252.92 | 0.95 | 0.41 | 33.68 | 5.55 | 0.51 | 0.13 | 0.29 |
| 工况 6 | 0.86 | 0.29 | 1.24 | 253.07 | 0.95 | 0.39 | 33.58 | 4.92 | 0.48 | 0.12 | 0.27 |
| 工况 7 | 0.85 | 0.34 | 1.07 | 252.92 | 0.95 | 0.41 | 33.63 | 5.45 | 0.50 | 0.13 | 0.33 |
| 工况 8 | 0.84 | 0.33 | 1.26 | 252.62 | 0.94 | 0.45 | 33.73 | 6.04 | 0.55 | 0.13 | 0.31 |

　　以工况 7(进气门间隙过小、排气门间隙过大)为例,说明证据合成的计算方法与流程:把工况 7 下测取的样本作为 BP 神经网络的输入信号,各网络的诊断输出结果见表 6-7、表 6-8 和表 6-9。

**表 6 - 7　Gabor 特征参数证据体 $E_1$ 与其网络输出**

| 证据体 $E_1$ | I | II | III | IV | V | VI | |
|---|---|---|---|---|---|---|---|
| | 34.45 | 35.41 | 220.14 | 6.85 | 70.01 | 286.54 | |
| 网络输出 | 1 | 2 | 3 | 4 | 5 | 6 | 7 | 8 |
| | 0.062 8 | 0.010 7 | 0.105 3 | 0.005 9 | 0.020 7 | 0.021 9 | 0.740 5 | 0.032 2 |

**表 6 - 8　Hu 矩特征参数证据体 $E_2$ 与其网络输出**

| 证据体 $E_2$ | I | II | III | IV | V | VI | VII |
|---|---|---|---|---|---|---|---|
| | 7.68 | 17.11 | 33.75 | 33.72 | 69.54 | 43.38 | 67.49 |
| 网络输出 | 1 | 2 | 3 | 4 | 5 | 6 | 7 | 8 |
| | 0.143 2 | 0.016 7 | 0.106 9 | 0.002 9 | 0.019 1 | 0.014 2 | 0.690 1 | 0.006 8 |

**表 6 - 9　GLCM 特征参数证据体 $E_3$ 与其网络输出**

| 证据体 $E_3$ | I | II | III | IV | V | VI | VII | VIII | IX | X | XI |
|---|---|---|---|---|---|---|---|---|---|---|---|
| | 0.85 | 0.34 | 1.05 | 252.91 | 0.95 | 0.41 | 33.65 | 5.47 | 0.50 | 0.13 | 0.32 |
| 网络输出 | 1 | 2 | 3 | 4 | 5 | 6 | 7 | 8 | | | |
| | 0.090 1 | 0.020 0 | 0.071 7 | 0.001 7 | 0.004 3 | 0.087 30 | 0.680 5 | 0.044 3 | | | |

在前面计算出的 BP 网络的总体不确定度 $m_1(\Theta)=0.117$，$m_2(\Theta)=0.128$，$m_3(\Theta)=0.178$ 的基础上，根据公式(6-25)可得基本概率赋值，见表6-10。

**表 6 - 10　各证据体基本概率赋值**

| 证据体 | 各种气门状态下的基本可信度分配 | | | | | | | | 网络的不确定信度分配 $m_i(\Theta)$ |
|---|---|---|---|---|---|---|---|---|---|
| | I | II | III | IV | V | VI | VII | VIII | |
| $E_1$ | 0.055 5 | 0.009 4 | 0.092 9 | 0.005 2 | 0.018 3 | 0.019 3 | 0.653 9 | 0.028 4 | 0.117 0 |
| $E_2$ | 0.124 9 | 0.014 6 | 0.093 2 | 0.002 5 | 0.016 7 | 0.012 4 | 0.601 8 | 0.005 9 | 0.128 0 |
| $E_3$ | 0.074 1 | 0.016 4 | 0.058 9 | 0.001 4 | 0.003 5 | 0.071 8 | 0.559 4 | 0.036 4 | 0.178 0 |

根据内燃机故障诊断实际情况,设定门限 $\varepsilon_1 = 0.4, \varepsilon_2 = 0.1$。证据合成的结果见表6-11,通过 D-S 证据理论组合证据体,$E_1$ 和 $E_2$ 融合后工况7的可信度从 0.601 8 提高至 0.868 2,$E_1$ 和 $E_3$ 融合后工况7的可信度从 0.559 4 提高至 0.852 4,$E_2$ 和 $E_3$ 融合后工况7的可信度从 0.559 4 提高至 0.824 1,$E_1$、$E_2$ 和 $E_3$ 融合后工况7的可信度从 0.559 4 提高至 0.954 2。通过上述分析可知,D-S 证据理论能够发挥不同特征参数证据体的优势,从而提高了融合后的可信度,确保了内燃机故障诊断结果的准确性和可靠性。

表 6-11　证据合成诊断对比

| 证据体 | 证据体合成结果 | | | | | | | | |
|---|---|---|---|---|---|---|---|---|---|
| | I | II | III | IV | V | VI | VII | VIII | $m_i(\Theta)$ |
| $E_1 \& E_2$ | 0.045 4 | 0.004 8 | 0.049 9 | 0.001 5 | 0.007 3 | 0.006 6 | 0.868 2 | 0.007 1 | 0.009 1 |
| $E_1 \& E_3$ | 0.035 3 | 0.005 8 | 0.045 0 | 0.001 7 | 0.005 8 | 0.020 6 | 0.852 4 | 0.016 1 | 0.017 3 |
| $E_2 \& E_3$ | 0.065 5 | 0.007 9 | 0.047 4 | 0.001 0 | 0.005 6 | 0.019 6 | 0.824 1 | 0.009 5 | 0.019 5 |
| $E_1 \& E_2 \& E_3$ | 0.017 9 | 0.001 7 | 0.016 7 | 0.000 3 | 0.001 5 | 0.004 4 | 0.954 2 | 0.002 6 | 0.000 9 |

为了验证基于时频图像局部特征和全局特征融合的内燃机故障诊断方法的性能,用 BP 神经网络分别对 GLCM、Hu 矩和 Gabor 这3种特征参数进行分类,得到的结果见表6-12,通过对识别结果的分析可知,3种特征参数融合方法的识别率高于其他3种单一特征参数的诊断方法。作为一种不确定性的推理方法,D-S 证据理论能够融合单个视觉特征参数的诊断结果,提高内燃机故障诊断的准确性和可靠性。

另外,BP 神经网络与 D-S 证据理论相结合解决了 BP 神经网络在内燃机故障诊断中效率和准确度不高的问题,可以充分发挥 BP 神经网络学习能力强和 D-S 证据理论善于处理不确定信息的优势,弥补了 BP 神经网络的不足。

表 6-12　识别结果对比　　　　　　　　　　　　单位:%

| 方　法 | GLCM | Hu 矩 | Gabor | 特征融合 |
|---|---|---|---|---|
| MICEEMD-PWVD | 81.34 | 86.95 | 88.12 | 99.25 |
| KVMD-PWVD | 83.33 | 85.83 | 88.67 | 99.68 |

# 6.5　本　章　小　结

　　针对单一视觉特征参数提取方法的诊断正确率较低的问题,为提高时频图像视觉特征识别诊断的正确率和鲁棒性,本书提出了基于局部特征和全局特征融合的内燃机故障诊断方法,分别应用 Gabor 特征、GLCM 和 Hu 矩对时频图像进行特征提取,然后将 BP 神经网络与 D - S 证据理论相结合对时频图像的局部和全局特征参数进行融合诊断,具体结论如下:

　　(1)为解决传统 D - S 证据理论的证据冲突问题,采用折扣系数法,使用网络不确定度分配确定折扣系数,消除证据冲突。

　　(2)基于局部特征和全局特征融合的内燃机故障诊断方法,综合利用时频图像的局部和全局特征信息,对单特征参数的诊断结果进行融合,提高了内燃机故障诊断的准确性和可靠性。

# 参 考 文 献

［1］ 吴震宇. 内燃机故障诊断若干理论与相关技术的研究［D］. 沈阳：东北大学，2010.

［2］ 蔡艳平. EMD 改进算法及其在机械故障诊断中的应用研究［D］. 西安：第二炮兵工程学院，2011.

［3］ 沈绍辉. 基于人工蜂群算法优化支持向量机的柴油机故障诊断研究［D］. 太原：中北大学，2016.

［4］ QAZI S，GEORGAKIS A，STERGIOULAS L K，et al. Interference suppression in the wigner distribution using fractional fouriertransformation and signal synthesis［J］. IEEE Transactions on Signal Processing，2007，55(6)：3150 - 3154.

［5］ GELMAN L，GOULD J. A new time-frequency transform for non-stationary signals with any nonlinear instaneous phase［J］. Multidimensional Systems and Signal Processing，2008，19(2)：173 - 198.

［6］ DJUROVI I，SEJDIC E，JIANG J. Frequency-based window width optimization for S-transform［J］. AEU - International Journal of Electronics and Communication，2008，62(4)：254 - 250.

［7］ BO L，QIN S R，LIU X F. Theory and application of wavelet analysis instrument library［J］. Chinese Journal of Mechanical Engineering (English Edition)，2007，19(3)：464 - 467.

［8］ SMITH C，AKUJUOBI C M，HAMORY P，et al. An approach to vibration analysis using wavelets in an application of aircraft health monitoring［J］. Mechanical Systems and Signal Processing，2007，21：1255 - 1272.

［9］ DURAK L，ARIKAN O. Short-time fourier transform：two fundamental properties and all optimal implementation［J］. IEEE Transactions on Signal Processing，2003，51(5)：1231 - 1242.

［10］ DUAN C D，HE Z J，JIANG H K. A sliding window feature extraction method for rotating machinery based on the lifting scheme[J]. Journal of Sound and Vibration, 2007, 299(4/5): 774 - 785.

[11] BAO W, ZHOU R, YANG J G, et al. Anti-aliasing lifting scheme for mechanical vibration fault feature extraction[J]. Mechanical Systems and Signal Processing, 2009, 23(5):1458 - 1473.

[12] 李涛. 基于振动分析的柴油机故障诊断技术研究[D]. 西安:第二炮兵工程学院,2007.

[13] CHENG J S, YU D J, TANG J S, et al. Application of frequency family separation method based upon EMD and local Hilbert energy spectrum method to gear fault diagnosis[J]. Mechanismand Machine Theory, 2008, 43(6):712 - 723.

[14] RAI V K, MOHANTY A R. Bearing fault diagnosis using FFT of intrinsic mode functions in Hilbert - Huang transform[J]. Mechanical Systems and Signal Processing, 2007, 21: 2607 - 2615.

[15] JIE C, WONG W. The adaptive chirplet transform and visual evoked potentials [J]. IEEE Transactions on Biomedical Engineering, 2006, 53 (7):1378 - 1384.

[16] LI Z, CROCKER M J. A study of joint time-frequency analysis-based modal analysis [J]. IEEE Transactions on Instrumentation and Measurenment, 2006, 55(6): 2335 - 2342.

[17] MELTZER G, IVANOV Y Y. Fault detection in gear drives with non-stationary rotational speed - part I: the time-frequncy approach[J]. Mechanical Systems and Signal Processing, 2003, 17(5):1033 - 1047.

[18] LE K N. Time-frequncy distributions for crack detection in rotors: a fundamental note[J]. Journal of Sound and Vibration, 2006, 294(1/2): 397 - 409.

[19] QIU H, LEE J, LIN J, et al. Wavelet filter-based weak signature detection method and its application on rolling element bearing prognostics[J]. Journal of Sound and Vibration, 2006, 289(4/5): 1066 - 1090.

[20] YAN R Q, GAO R X, CHEN X F. Wavelets for fault diagnosis of rotary machines: a review with applications[J]. Signal Processing, 2014, 96: 1 - 15.

[21] 贾继德,张玲玲,江红辉,等.基于对称极坐标法的变速器齿轮磨损故障诊断的研究[J].汽车工程,2013,35(1):93-97.

[22] 丁建明,林建辉,任愈,等.基于谐波小波包能量熵的轴承故障实时诊断[J].机械强度,2011,33(4):483-487.

[23] 屈梁生.机械故障的全息诊断原理[M].北京:科学出版社,2007.

[24] 从飞云.基于滑移向量序列奇异值分解的滚动轴承故障诊断研究[D].上海:上海交通大学,2012.

[25] 王冰,李洪儒,许葆华.基于多尺度形态分解谱熵的电机轴承预测特征提取及退化状态评估[J].振动与冲击,2013,32(22):124-128.

[26] 李兵,张培林,刘东升,等.基于自适应多尺度形态梯度变换的滚动轴承故障特征提取[J].振动与冲击,2011,30(10):104-108.

[27] 王维琨.燃气发动机气缸故障诊断研究与应用[D].北京:北京化工大学,2013.

[28] WOLFGANG M, STEWART A K, KELSIE B H. A dictionary of american proverbs [M]. Oxford: Oxford University Press, 1992.

[29] SIMS J. Accelerating scientific discovery through computation and visualization[J]. Journal of Research-National Institute of Standard and Technology, 2000, 105: 875-894.

[30] CHEN C. An information-theoretic view of visual analytics[J]. IEEE Computer Graphics and Applications, 2008, 1:18-23.

[31] CHEN M, HEI K J. An information-theoretic framework for visualization [J]. IEEE Trans. on Visualization and Computer Graphics, 2010, 16(6):1206-1215.

[32] WALKER R, DYKES J, XU K, et al. An extnsible framework for provenance in human terrain visual analytics [J]. IEEE Trans. on Visualization and Computer Graphics, 2013, 19(12): 2139-2248.

[33] SCHULZ H, THOMAS N, MAGNUS H, et al. A design space of visualization tasks[J]. IEEE Trans. on Visualization and Computer Graphics, 2013, 19(12): 2366-2375.

[34] SCHRECK T, KEIM D A. Visual analysis of social media data[J]. Computer, 2013, 46(5):68-75.

[35] LEE J H, MCDONNELL K T, ZELENYUK A, et al. A structure-based distancemetric for high-dimensional space exploration with multi-

dimensional scaling[J]. IEEE Trans. on Visualization and Computer Graphics, 2014, 20(3):351 - 364.

[36] 任磊,杜一,马帅,等. 大数据可视分析综述[J]. 软件学报, 2014, 25(9):1909 - 1936.

[37] 周云燕. 基于图像分析理论的机械故障诊断研究[D]. 武汉:华中科技大学, 2007.

[38] MAZZEO P L, NITTI M, STELLA E, et al. Visual recognition of fastening bolts for railroad maintenance [J]. Pattern Recognition Letters, 2004, 25(6): 669 - 677.

[39] 肖俊建,王慧英. 图像处理技术在齿轮缺陷检测中的应用[J]. 机械传动, 2009, 33(2):98 - 100.

[40] 陈立波,陈果,宋科,等. 基于图像的发动机滑油滤磨屑定量分析技术[J]. 航空学报, 2011, 32(2):368 - 376.

[41] WANG Q H, ZHANG Y Y, CAI L, et al. Fault diagnosis for diesel valve trains based on non-negative matrix factorization and neural network ensemble [J]. Mechanical Systems and Signal Processing, 2009, 23(5): 1683 - 1695.

[42] PURKAIT P, CHAKRAVORTI S. Impulse fault classification in transformers by fractal analysis[J]. IEEE Transactions on Dielectrics and Electrical Insulation, 2003, 10(1): 9 - 116.

[43] AMARAL T G. Image processing to a neuro-fuzzy classifier for detection and diagnosis of induction motor stator fault[C]//Conference of the IEEE. Indrstrial Electronics Society. New York: IEEE, 2007: 2408 - 2413.

[44] ZHU D C. Image recognition technology in rotating machinery fault diagnosis based on artificial immune[J]. Smart Structures and Systems, 2010, 6(4): 389 - 397.

[45] HAROLD H S. Automatic fault recognition by image correlation neural network techniques[J]. IEEE Transactions on Industrial Electronics, 1998, 40(2):197 - 208.

[46] 刘占生,窦唯,王晓伟. 基于主元-双谱支持向量机的旋转机械故障诊断方法[J]. 振动与冲击, 2007, 26(12):23 - 27.

[47] 刘占生,窦唯. 旋转机械振动参数图形边缘纹理提取的数学形态学方法

[J]. 振动工程学报,2008,21(3):268 - 273.

[48] 窦唯,刘占生. 基于灰度-梯度共生矩阵的旋转机械振动时频图形识别方法[J]. 振动工程学报,2009,22(1):85 - 91.

[49] 窦唯. 旋转机械振动故障诊断的图形识别方法研究[D]. 哈尔滨:哈尔滨工业大学,2009.

[50] 窦唯,刘占生. 旋转机械故障诊断的图形识别方法研究[J]. 振动与冲击,2012,31(17):171 - 175.

[51] 林勇,胡夏夏,朱根兴,等. 基于振动谱图像识别的智能故障诊断[J]. 振动、测试与诊断,2010,30(2):175 - 180.

[52] 林勇,周晓军,杨先勇,等. 基于 SPWVD 识别的滚动轴承智能检测方法[J]. 振动与冲击,2009,28(9):86 - 90.

[53] 刘学东. 基于图像分形的故障特征提取方法[J]. 北华航天工业学院学报,2008,18(5):4 - 6.

[54] 李宏坤,周帅,黄文宗. 基于时频图像特征提取的状态识别方法研究与应用[J]. 振动与冲击,2010,29(7):184 - 188.

[55] 别锋锋,王奉涛,吕凤霞. 基于局域波时频图像处理技术的压缩机故障诊断[J]. 农业机械学报,2007,38(9):159 - 162.

[56] 刘路. 基于改进支持向量机和纹理图像分析的旋转机械故障诊断[D]. 天津:天津大学,2011.

[57] 关贞珍,郑海起,叶明慧. 基于振动图像纹理特征识别的轴承故障程度诊断方法研究[J]. 振动与冲击,2013,32(5):127 - 131.

[58] 章立军,刘博,张彬,等. 基于时频图像融合的轴承性能退化特征提取方法[J]. 机械工程学报,2013,49(2):53 - 58.

[59] LI B, MI S S, LIU P Y, et al. Classification of time-frequency representations using improved morphological pattern spectrum for engine fault diagnosis[J]. Journal of Sound and Vibration,2013,332(13):3329 - 3337.

[60] 付波,周建中,彭兵,等.基于仿射不变矩的轴心轨迹自动识别方法[J]. 华中科技大学学报(自然科学版),2007,35(3):119 - 122.

[61] 左云波,王西彬,徐小力. 形态谱在发电机组故障趋势分析中的应用[J]. 北京理工大学学报,2005,28(11):962 - 965.

[62] 孙丽萍,陈果,谭真臻. 基于核主成分分析的小波尺度谱图像特征提取[J].交通运输工程学报,2009,9(5):62 - 66.

[63] 秦海勤,徐可君,隋育松.基于尺度共生矩阵的滚动轴承故障诊断研究[J].航空动力学报,2010,25(7):1628 - 1633.

[64] 朱利民,牛新文,钟秉林.振动信号短时功率谱时频二维特征提取方法及应用[J].振动工程学报,2004,17(4):443 - 447.

[65] 陈果,邓堰.转子故障的连续小波尺度谱特征提取新方法[J].航空动力学报,2009,24(4):793 - 798.

[66] 张云强,张培林,吴定海,等.基于最优广义S变换和脉冲耦合神经网络的轴承故障诊断[J].振动与冲击,2015(9):26 - 31.

[67] 李巍华,林龙,单外平.基于广义S变换与双向 2DPCA 的轴承故障诊断[J].振动、测试与诊断,2015,35(3):499 - 592.

[68] 林龙.基于S变换和图像纹理信息的轴承故障智能诊断方法[J].科学技术与工程,2014(6):26 - 30.

[69] 林龙.基于广义S变换和半监督 TD - 2DPCA 的轴承故障诊断方法[D].广州:华南理工大学,2014.

[70] 沈虹,赵红东,梅检民,等.基于高阶累积量图像特征的柴油机故障诊断研究[J].振动与冲击,2015(11):133 - 138.

[71] 夏勇,商斌梁,张振仁.基于小波包与图像处理的内燃机故障诊断研究[J].内燃机学报,2001,19(1):62 - 68.

[72] 王成栋,张优云,夏勇.基于S变换的柴油机气门机构故障诊断研究[J].内燃机学报,2003,21(4):271 - 275.

[73] 王成栋,张优云,夏勇.模糊函数图像在柴油机气门故障诊断中的应用研究[J].内燃机学报,2004,22(4):162 - 168.

[74] 蔡艳平,李艾华,石林锁,等.基于 EMD - WVD 振动谱时频图像 SVM 识别的内燃机故障诊断[J].内燃机工程,2012,33(2):72 - 78.

[75] 蔡艳平,李艾华,何艳萍,等.基于振动谱时频图像特征及 SVM 参数同步优化识别的内燃机故障诊断[J].内燃机学报,2012,30(4):377 - 383.

[76] YOUNUS A M D, YANG B. Intelligent fault diagnosis of rotating machinery using infrared thermal image [J]. Expert Systems with Applications,2012,39(2):2082 - 2091.

[77] TRAN V T. Thermal image enhancement using bi-dimensional empirical mode decomposition in combination with relevance vector machine for rotating machinery fault diagnosis[J]. Mechanical Systems and Signal Processing,2013,38(2):601 - 614.

[78] ALI M Y，YANG B S. Intelligent fault diagnosis of rotating machinery using infrared thermalimage[J]. Expert Systems with Application，2012，39(2)：2082 - 2091.

[79] YOUNUS A M，WIDODO A，YANG B S，et al. Evaluation of thermography image data for machine fault diagnosis [J]. Nondestructive Testing and Evaluation，2010，25(3)：231 - 247.

[80] FADEL M M，JAIME A C. Real - time fault detection in manufacturing environments using face recognition techniques[J]. Journal of Intelligent Manufacturing，2012，23(3)：393 - 408.

[81] HA H，HAN S S，LEE J，et al. Fault detection on transmission lines using a microphone array and an infrared thermal imaging camera[J]. IEEE Transactions on Instrumentation and Measurement，2012，61(1)：267 - 275.

[82] NAKANO S，TSUBAKI T，YONEDA Y. et al. External diagnosis of power transmission and distribution equipmentusing X-ray image processing[J]. IEEE Transactions on Power Delivery，2000，15(2)：575 - 579.

[83] 刘新全.基于红外热成像技术的机械设备潜在故障分析与应用[D].大连：大连理工大学,2009.

[84] 侯俊剑,蒋伟康.基于声成像模式识别的故障诊断方法研究[J].振动与冲击,2010,29(8):21 - 25.

[85] SHIBATA K,TAKAHASHI A,SHIRAI T. Fault diagnosis of rotating machinery through visualization of sound signals [J]. Mechanical Systems and Signal Processing,2001,4(2):229 - 241.

[86] 胡广书.现代信号处理教程[M].2 版.北京:清华大学出版社,2015.

[87] 何正嘉,訾艳阳,张西宁.现代信号处理及工程应用[M].西安:西安交通大学出版社,2007.

[88] 张贤达. 现代信号处理[M]. 北京:清华大学出版社,1999.

[89] HUANG N E，SHEN Z，LONG S R，et al. The Empirical mode decomposition and the hilbert spectrum for nonlinear and non-stationary time series analysis[J]. Proc R Soc LondA，1998,454:903 - 995.

[90] WHITE D，JAIN R. Algorithm and strategies for similarity retrieval [C]//SAN J. Proceedings of the SPIE Storage and Retrieral Image Vid

Databases Ⅳ. California: SPIE, 1996:157 – 171.

[91] 郑红,李钊,李俊. 灰度共生矩阵的快速实现和优化方法研究[J].仪器仪表学报,2012,33(11):2509 – 2515.

[92] 于海鹏,刘一星,张斌,等.应用空间灰度共生矩阵定量分析木材表面纹理特征[J].林业科学,2004,40(6):121 – 129.

[93] HU M K. Visual pattern recognition by moment invariants[J]. IEEE transactions on Information theory,1962,2(8):179 – 187.

[94] DAUGMAN J. Uncertainty relation for resolution in space, spatial frequency and orientation optimized by two-dimensional visual cortical filters[J]. Journal of the Optical Society of America, 1985, 2(7): 1160 – 1169.

[95] HUANG R,LIU Q,LU H,et al. Solving the small sample size problem of LDA[C]//IEEE Proceedings of International Conference on pattern Recognition,USA,2002: 29 – 32.

[96] KIRBY M, SIROVICH L. Application of the Karhunen – Loeve procedure for the characterization of human faces [J]. IEEE Transactions on Pattern Analysis and Machine Intelligence, 1990, 12 (1):103 – 108.

[97] TURK M, PENTLAND A. Eigenfaces for recognition[J]. Journal of Cognitive Neuroscience,1991,3(1): 71 – 86.

[98] 段琪.人脸特征提取与识别方法的比较研究[D].上海:华东理工大学,2013.

[99] 杨真真.基于信息几何的 FSVM 理论及算法研究[D].南京:南京邮电大学,2011.

[100] 杨涛,张明远,张传武,等.基于分形特征和神经网络的柴油机故障诊断[J].船电技术,2015,35(7):18 – 20.

[101] 邹红星、戴琼海、李衍达,等. 不含交叉扰项且具有 WVD 聚集性的时频分布之不存在性[J]. 中国科学(E 辑), 2001, 31(4): 348 – 354.

[102] WU Z H. Enhancement of lidar backscatters signal-to-noise ratio using empirical mode decomposition method[J]. Optics communication, 2006,267(1):137 – 144.

[103] YEH J R,SHIEH J S,NORDEN E, et al. Complementary ensemble empirical mode decomposition: a noise enhanced data analysis method

[J]. Advances in Adaptive Data Analysis，2010，2（2）：135 – 156.

[104]　LI C，ZHAN L，SHEN L. Friction signal denoising using complete ensemble EMD with adaptive noise and mutual information [J]. Entropy，2015，17(9)：5965 – 5979.

[105]　贾继德,吴春志,贾翔宇,等. 一种适用于发动机振动信号的时频分析方法[J]. 汽车工程,2017,39(1),97 – 101.

[106]　YANG Y，CHENG J S，ZHANG K. An ensemble local means decomposition method and its application to local rub-impact fault diagnosis of the rotor systems [J]. Measurement，2012(45)：561 – 570.

[107]　HUANG N E，SHEN Z，LONG S R，et al. A new view of nonlinear waves：the Hilbert spectrum[J]. Annual Review of Fluid Mechanics，1999(3)：417 – 457.

[108]　GOSHTASBY A，NIKOLOV S. Image fusion：advances in the state of the art [J]. Information Fusion，2007，2(8)：114 – 118.

[109]　ANISH A，JEBASEELI T J. A Survey on multi-focus image fusion methods[J]. International Journal of Advanced Research in Computer Engineering & Technology，2012，1(8)：319 – 324.

[110]　谭航. 像素级图像融合及其相关技术研究[D]. 成都:电子科技大学,2013.

[111]　周渝人. 红外与可见光图像融合算法研究[D]. 长春:中国科学院长春光学精密机械与物理研究所,2014.

[112]　李郁峰.像素级多传感器图像融合方法研究[D]. 成都:西南交通大学,2013.

[113]　JAMES A P，DASARATHY B V. Medical image fusion：a survey of the state of the art [J]. Information Fusion，2014，19：4 – 19.

[114]　KONG A，ZHANG D，KAMEL M. Palmprint identification using feature-level fusion [J]. Pattern Recognition，2006，39(3)：478 – 487.

[115]　LEVINER M，MALTZ M. A new multi-spectral feature level image fusion method for human interpretation [J]. Infrared Physics & Technology，2009 ,52(2/3)：79 – 88.

[116]　RANI C M S，VIJAYAKUMAR V，REDDY B V R. Improved block based feature level image fusion technique using contourlet with neural network [J]. Signal & Image Processing,2012，3(4)：203 – 214.

[117] NISHII R. A markov random field-based approach to decision-level fusion for remote sensing image classification [J]. IEEE Transactions on Geoscience and Remote Sensing, 2003, 41(10): 2316 – 2319.

[118] FONTANI M, BIANCHI T, ROSA A D, et al. A framework for decision fusion in forensics based on Dempster – Shafer theory of evidence [J]. IEEE Transactions on Information Forensics and Security, 2013, 8(4):593 – 607.

[119] YE Z, PRASAD S, LI W, et al. Classification based on 3-D DWT and decision fusion for hyperspectral image analysis[J]. IEEE Geoscience and Remote Sensing Letters, 2014, 11(1):173 – 177.

[120] LIU Z, BLASCH E, XUE Z, et al. Objective assessment of multiresolution fusion algorithms for context enhancement in night vision: a comparative study [J]. IEEE Transactions on Pattern Analysis and Machine Intelligence, 2012,34(1): 94 – 109.

[121] HAN Y, CAI Y Z, CAO Y, et al. A new image fusion performance metric based on visual information fidelity [J]. Information Fusion, 2013, 14(2):127 – 135.

[122] KOTWAL K, CHAUDHURI S. A novel approach to quantitative evaluation of hyperspectral image fusion techniques [J]. Information Fusion, 2013, 14(1):5 – 18.

[123] 逄浩辰. 彩色图像融合客观评价指标研究[D]. 长春:中国科学院长春光学精密机械与物理研究所,2014.

[124] WAN T, ZHU C C, QIN Z C. Multifocus image fusion based on robust principal component analysis [J]. Pattern Recognition Letter, 2013, 34(9):1001 – 1008.

[125] TOET A, VALETON J M, VANRUYVEN L J. Merging thermal and visual images by a contrast pyramid [J]. Optical Engineering, 1989, 28(7):789 – 792.

[126] PAJARES G, CRUZ J M. A wavelet-based image fusion tutorial[J]. Pattern Recognition, 2004, 37(9): 1855 – 1872.

[127] LEWIS J J, O' CALLAGHAN R J. Pixel and region-based image fusion with complex wavelets[J]. Information Fusion, 2007, 8(2): 119 – 130.

[128] 孙巍,王珂,袁国良. 基于复数小波域的多聚焦图像融合[J]. 中国图象图形学报,2008,13(5):951-957.

[129] MATTHIAS H, CHRISTOPH S. Learning sparse representations by non-negative matrix factorization and sequential cone programming [J]. The Journal of Machine Learning Research,2006,7: 1385-1407.

[130] RON Z, AMNON S. Nonnegative sparse PCA[J]. Advances in Neural Information Processing Systems,2006,19:1561-1568.

[131] ZHAO W Z, MA H F, LI N. A new non-negative matrix factorization algorithm with sparseness constraints[C]// QI L. 2011 International Conference on Machine Learning and Cybernetics. Qingdao:IEEE, 2011:1449-1452.

[132] LEE D D, SEUNG H S. Learning the parts of objects by non-negative matrix factorization [J]. Nature,1999,401:788-791.

[133] PATRIK O H. Non - negative sparse coding[C]//BOURLARD H, ADALI T, SAMY B, et al. Proceedings of the 2002 12th IEEE Workshop on Neural Networks for Signal Processing. Now York: IEEE,2002:557-565.

[134] LI S, HOU X W, ZHANG H J, et al. Learning spatially localized parts - based representation[C]//JACON S, BALDWIN T. Computer Vision and Pattern Recognition. Kauai:IEEE,2001:1063-6919.

[135] 潘彬彬,陈文胜,徐晨. 基于分块非负矩阵分解人脸识别增量学习[J]. 计算机应用研究,2009,26(1):117-120.

[136] 蔡艳平. 发动机现代诊断技术[Z]. 西安:火箭军工程大学,2016.

[137] SWAIN M J, BALLARD D H. Corlor indexing[J]. Computer Vision, 1991,7(1):11-32.

[138] STRICKER M, ORENGO M. Similarity of color images[J]. Proc. SPIE Storage and Retrieval for Image and Videl Databases,1995, 2420:381-392.

[139] HUANG J. Color - Spatial image indexing and applications[D]. New York:Cornell University,1998.

[140] SKLANSKY J. Image segmentation and feature extraction[J]. IEEE Transactions on Systems, MaN, and Cybemetics,1978,8（5）:

237 – 247.

[141]  HARALICK R M，SHANMUGAM K，DINS TEIN I H. Texture Features for Image Classification[J]. IEEE Transactions On Systems，Man，and Cybernetics，1973，3(6)：610 – 621.

[142]  LI X Q，ZHAO Z W，CHENG H D. A fuzzy logic approach to image segmentation ［ C ］//STORMS P. PROCEEDINGS OF 12th International Conference On Pattern Recognition. California：IEEE，1994，1：337 – 341.

[143]  DEMPSTERA P. Upper and lower probabilities induced by a multi-valued mapping[J]. Ann. Mathematical Statistics，1967，38：325 – 339.

[144]  SHAFER G A. A Mathematical Theory of Evidence ［ J ］. Technonetrics，1978，20(1)：106.

[145]  ZADEH L A. A simple view of the Dempster – Shafer theory of evidence and its implication for the rule of combination［J］. AI Magazine，1986，7：85 – 90.

[146]  MURPHYC K. Combining belief functions when evidence conflicts [J]. Decision Support Systems，2000，29：1 – 9.

[147]  YONG D. Combining belief functions based on distance of evidence [J]. Decision Support Systems，2004，38：489 – 493.

[148]  孙全，叶秀清，顾伟康. 一种新的基于证据理论的合成公式[J]. 电子学报，2000，28(8)：117 – 119.

[149]  LI B，WANG B，WEI J，et al. Efficient combination rule of evidence theory［C］//JUN S，SHARACHANDRA P，WANG R. Objcet Detection，Classification，and Tracking Technologies. Wuhan：SPIE，2001：237 – 240.

[150]  李弼程，王波，魏俊，等. 一种有效的证据理论合成公式[J]. 数据采集与处理，2002，17(1)：33 – 36.

[151]  LEFEVRE E. Belief function combination and confict management [J]. Information Fusion，2002，3：149 – 162.

[152]  SMETS P. The combination of evidence in the transferable belief model［J］. IEEE Transactions on Pattern Analysis and Machine Intelligence，1990，12(5)：447 – 458.

[153]  YAGER R R. On the Dempster – Shafer framework and new

combination rules[J]. Information Sciences，1987，41：93 - 138.

[154]　DUBOIS D，PRADE H. Representation and combination of uncertainty with belief functions and possibility measures [ J ]. Computational Intelligence，1998，4：244 - 264.